本书研究获中国科协"'十三五'学会创新与服务能力提升研究"专题之"'十三五'科协科技服务业发展模式研究"课题的支持

北京工业大学211学科建设成果

科协科技服务业

发展模式研究

关 峻 邢李志 何素兴 季学猷 等 编著

科学出版社

北京

内 容 简 介

科技服务业是运用现代科技知识、现代技术和分析方法,向社会提供智力服务和支撑的产业,是现代服务业的重要组成部分。本书在理论与文献研究的基础上,从国家发展科技服务业的要求和科协提升科技服务能力的角度对科协科技服务业发展模式、运行方式、管理体制和制度政策环境进行了分析。

本书适合科技管理从业人员和全国各级科协组织、各类学会工作者、高等院校管理学科的师生参考、阅读。

图书在版编目(CIP)数据

科协科技服务业发展模式研究 / 关峻等编著 . —北京:科学出版社,2016.3
ISBN 978-7-03-047907-5

Ⅰ.①科… Ⅱ.①关… Ⅲ.①科技服务–发展模式–研究–中国 Ⅳ.①G322

中国版本图书馆 CIP 数据核字(2016)第 057396 号

责任编辑:林 剑 / 责任校对:邹慧卿
责任印制:徐晓晨 / 封面设计:耕者工作室

科学出版社 出版

北京东黄城根北街 16 号
邮政编码:100717
http://www.sciencep.com

北京京华虎彩印刷有限公司 印刷
科学出版社发行 各地新华书店经销

*

2016 年 3 月第 一 版 开本:720×1000 B5
2016 年 3 月第一次印刷 印张:8 3/4
字数:180 000
定价:**88.00 元**
(如有印装质量问题,我社负责调换)

前　言

　　科技服务业是运用现代科技知识、现代技术和分析方法，向社会提供智力服务和支撑的产业，是现代服务业的重要组成部分。在国外一些发达国家和地区，科技服务业已经发展了近百年，在我国科技服务业还是一个新兴产业。发展科技服务业对于调结构、稳增长、促融合和引领产业升级具有重要意义，各国政府纷纷通过政策引导和中介组织培育等手段推动科技服务业的发展，国内很多部门也在结合着自身特点加速推动科技服务业的发展。科协科技服务业起步于学会专家科技服务活动，近年来，随着学会服务能力提升和承接政府职能转移等工作的推进，正日益成为我国实施创新驱动战略的一支重要力量。

　　2015 年是中国科协"十二五"规划收官之年，也是全面深化改革的关键一年，如何从优化科技服务业发展模式的视角，认真梳理中国科协在科技服务业中发挥的作用、取得的成就和存在的问题，研究探讨科技服务业当前面临的机遇和挑战、未来发展目标和发展路径，将对科学制定中国科协科技服务业未来的发展规划具有重要意义。

　　本书在理论与文献研究的基础上，从国家发展科技服务业的要求和科协提升科技服务能力的角度对科技服务业发展模式、运行方式、管理体制和制度政策环境进行分析。研究的具体技术路线如图 0-1 所示。

　　根据技术路线图，本书以研究目标为导向，运用科学、合理的研究方法对中国科协科技服务业的基本状况及其发展规律进行了调查、分析和探讨。在研究过程中，力争通过科学操作、全程质量监控、多学科专家咨询等方式确保研究设计、研究过程和研究结论的科学性与合理性。经过近半年的努力，在中国科协内外专家的指导和帮助下，课题组顺利进行了开题答辩和中期汇报，初步完成课题设定的任务，得到以下结论。

　　"十二五"时期，科协在科技服务业发展方面取得了一定成效。一是搭建服务平台，提升服务效率。在引导科技人员创新创业、促进产学研协同创新和建设海智服务基地等方面取得了进展。二是聚焦创新主体，提升服务质量。引入高端人才，促进产学研合作；围绕企业科技创新人才和项目提供服务。三是探索科普社会化，扩大了科技服务范围。四是参与社会治理，提升科技服务水平。五是加

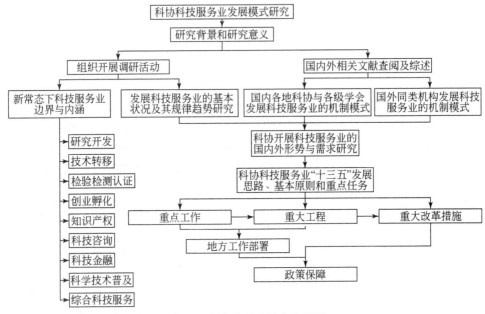

图 0-1　研究的具体技术路线图

强国际交流合作，拓展科协服务渠道。

　　当前，科协发展科技服务业也面临着诸多问题和挑战。一是相关法律政策不完善，学会、社会、政府之间的关系有待厘清，承接政府职能转移困难较多。二是新的发展形势下，中国科协在创新驱动助力工程等项目上存在动力不足的问题。三是受市场有效科技需求少、项目资金投入不足等问题制约，科技成果转化难度大。四是公众对科协科技服务业认知度偏低，融资难，发展基础薄弱。

　　在此背景下，本书提出中国科协科技服务业的发展思路：以邓小平理论、"三个代表"重要思想、科学发展观为指导，深入贯彻落实党的十八大和十八届三中、四中全会精神以及习近平总书记系列重要讲话精神，充分调动科技工作者服务创新驱动的积极性，按照需求导向、人才为先、遵循规律和全面创新的总体思路，充分挖掘科协在人才、组织和技术信息等方面的资源优势，充分发挥科协联系党、政府和广大科技工作者的桥梁与纽带作用，以营造良好科技服务业发展环境为目标，以激发科协组织创新潜力为主线，以各地科协和各级学会的科技资源对接活动为载体，有效整合资源，集成落实政策，完善服务模式，培育创新文化，为建设创新型国家提供重要保障。

　　按照《中共中央关于全面深化改革若干重大问题的决定》《中共中央、国务

院关于深化科技体制改革加快国家创新体系建设的意见》《国务院关于加快科技
服务业发展的若干意见》等文件精神，秉承科协多年来的优良传统，贯彻新常
态下创新驱动助力、互联网+、中国制造 2025、众创空间等国家层面创新发展的
重大举措，发挥各级科协组织及所属学会的科技资源和人才优势，本书梳理出中
国科协科技服务业发展的重点任务与重大工程：一是利用数据挖掘技术、云计算
和大数据搭建科协组织大数据资源共享平台。二是优化科普平台的服务功能，开
拓新兴传播渠道，推广"互联网+科协组织"科普新模式。三是筹划成立标准化
体系研究专项和科技创新评价中心，开展"中国制造 2025"科技咨询工作，建
立多层次科技成果转化机制。四是深入推广院士专家工作站、"金桥工程"、众
创空间等，整合中国科协资源服务广大科技工作者。五是完善投融资机制，开创
新兴融资渠道。

　　为了落实中国科协科技服务业重点工作，应该采取有效措施，如健全支撑承
接政府转移职能政策体系、明确科协组织自身定位、建立综合监督评价体系、借
助组织资源落实功能、各级单位协同联动发展等。

作　者
2015 年 12 月

目　　录

第1章　科协发展科技服务业的可行性分析

科技服务业是在产业不断细化分工和融合生长趋势下形成的新的产业分类。从学术研究和社会分析视角看，国内外对于科技服务业的界定尚未达成共识[1]。从具体内容看，国外对科技服务业的划分与中国对科技服务业的划分存在较大差异。不少政府部门和事业单位在对国内外以及国内各区域、各领域科技服务业进行统计对比时，也存在着定义与实证数据相背离，划分范围与信息服务业纠缠不清等问题[2]。当然，科技事业与科协事业也存在着类似现象。为此，本书有必要明确科技服务业的基本概念以及它们与科协组织的关系。

1.1　科技服务业的概念范畴

1.1.1　科技服务业的行业定义

科技服务业存在的根本原因在于社会经济与科技活动的复杂性以及社会化生产和分工的需要。支持科技服务业发展的理论包括交易成本理论、信息不对称理论和国家创新系统理论等[3]。目前，对科技服务业的研究主要是运用经济学理论和创新理论解释科技服务业存在的必要性及其在经济社会发展中的功能，对科技服务业本身的发展规律研究不多。

科技服务业是现代产业不断细化分工和融合生长的新的产业，国内外对科技业的划分存在着较大的差异。国内文献主要是从产业角度分析科技服务业的定义、种类、功能、产业特征、对经济的影响，以及发展环境和政策制度约束等方面来界定，且学术界和主管部门至今对科技服务业分类的界定尚未达成共识。

国家及各地方科技服务业主管部门颁布的政策法规中关于行业的界定具有权威性，但不同部门对于同一事物内涵的理解和表述很可能存在极大差异。国务院发布的《产业结构调整指导目录（2011）》鼓励类产业新增"科技服务业"分类[4]，包含工业设计、气象、生物、新材料、新能源、节能、环保、测绘、海洋等专业科技服务，商品质量认证和质量检测服务，科技普及等11项。其中IT

设施管理和数据中心服务、移动互联网服务、因特网会议电视及图像等电信增值服务等与信息服务业又紧密相关，是否将其纳入，仍有待商榷。

广州市生产力促进中心课题组撰写的《广州市科技服务业状况调查报告》、太原市出台的《太原市促进科技服务业发展办法》[5]、天津市出台的《关于2003~2007年科技服务业发展实施意见》、苏州工业园区出台的《关于加快苏州工业园区科技服务业发展的试行办法》等定义科技服务业主要包括科学研究与试验发展、技术开发与转移、技术推广与转让、技术孵化与咨询、科学交流与培训、科技风险投资、科技评估及科技鉴证、技术贸易服务业、技术产权交易、科技人才中介、知识产权服务及其他技术服务等业务[6,7]，这类文件大多侧重于科技中介服务业，虽不能全面反映科技服务业的分类，但总的来说都会将"科学研究和试验发展""科技中介服务""专业技术服务业"作为一个共同的分类纳入其中，但在"地质勘测"和"软件集成、设计服务"上则存在不同。

2009年，国家统计局、北京市统计局和北京调查总队根据《国民经济行业分类》（GB/T 4754-2002）联合下发《北京市生产性服务业统计分类标准》，其中科技服务业具体所指M类科学研究、技术服务和地质勘查业。湖南省统计局、山东统计局、天津市科学技术委员会和统计局、吉林省均采用此标准进行科技服务业统计。

国家统计局起草，国家质量监督检验检疫总局、国家标准化管理委员会最新发布的《国民经济行业分类与代码》（GB/T 4754—2011）继续对科技服务业进行合并和细化调整，将M类更名为科学研究和技术服务业，更加明确了科技服务业的范畴，共分"73研究与试验发展""74专业技术服务业""75科技推广和应用服务业"3个大类，17个中类，31个小类。

中央政府则是从体制改革、贸易、经济（财政、税收和金融）、产业技术、人力资源以及国际合作等多个方面出台一系列支持政策。2014年8月19日，国务院总理李克强主持召开国务院常务会议部署加快发展科技服务业工作，2014年10月28日，国务院发布《国务院关于加快科技服务业发展的若干意见》，要求以研发中介等领域为重点，抓住关键环节精准发力，推动科技服务业发展壮大。

综合多种角度并结合我国科技服务业的具体实践得出这样的定义：科技服务业是一个以现代技术和现代经济管理体系为依托，进行科学研究与试验发展，为国民经济发展提供专业技术服务（包括地质勘测），为科技创新、交流、推广提供社会化与专业化服务的知识密集型产业，是生产性服务业重要构成要素，同时也是国家和区域创新体系的重要组成部分。

1.1.2 科技服务业的行业特征

相对于农业、工业和其他服务行业来说，科技服务业是一个年轻的行业。在其产生、发展的过程中，根据其自身行业发展的规律，形成了区别于其他行业的独特行业特征。科技服务业的主要特征可以概括为以下六点，即科技服务性、功能综合性、服务社会性、时间延续性、知识密集性和效益优化性。

（1）科技服务性。科技服务业是生产性服务业的组成部分，服务性是其最为明显的特征。科技服务性特征包括两层含义：第一，它是一种服务活动，作为服务行业，其劳动对象不是通过实物表现出来，而是作为服务活动表现出来；第二，它是一种以科技产物为服务对象的服务活动[8,9]。

在科技服务业的主体和内容上，同样体现着其服务性的特点。科技服务的主体广泛，包括政府机关、大学、科研机构和科技型企业等，科技服务业在它们之间架设起了一座桥梁，为它们提供科技中介服务。服务的内容具有系统性和专业性的特征，其服务性体现在技术的供给方和需求方之间、技术创新和技术扩散的过程中提供全方位的科技服务。

（2）功能综合性。从技术的开发与传播，到技术应用在现实生活中，科技服务业提供包括技术开发推广服务、技术评估论证服务、新技术交易服务、创业孵化服务、国际合作服务、创新培训服务、市场开拓服务、产权交易服务、人才交流服务、管理及法律等全方位、多角度的，以知识和科技为基础，系统化专业综合的科技服务。发展科技服务成为世界各地实施城市化战略、加速城市现代化建设、提升城市综合服务性能的重要内容。

科技服务业提升城市综合服务功能主要表现在：为企业提供市场、技术、投融资等方面的信息服务；组织和整合各种资源，帮助企业开发新技术和产品的技术开发与推广服务；提供技术交易过程中的政策咨询、专利代理、合同登记、交易合同认定及知识产权服务等技术交易服务[10]；通过为中小企业提供办公场地、研发、生产等方面的共享设施，并在信息咨询、法律政策、技术诊断、知识产权、市场营销和人力资源等方面提供全方位的服务，助力企业孵化；为企业提供技术、财务、知识产权保护、人力资源和国际贸易等方面的创新培训服务。

（3）服务社会性。科技服务机构是面向全社会的社会化组织，它为政府部门、企业、各类高等院校和科研单位等提供包括科技评估、信息咨询、技术贸易、技术转移、企业孵化、知识产权法律服务、科技风险投资等在内的全方位服务。因此，其服务的主要功能就必须以市场需求为导向，面向社会开展科技服务。科技服务机构的服务社会化还表现在特定的服务对象上，如面向科技型中小企业、高科技企业和农业组织等提供社会化的科技中介服务，具有专业资格的科技中介机构承接政府委托的科技项目立项评估、过程监管以及科技成果鉴定等业务时，都必须充分反映社会要求[11]。

（4）时间延续性。从事科技服务工作的既有专门机构，如专利委托转让代理事务所等，也有非专门机构，如大型科技企业中的科技服务部门，它们都具有明显的服务延续性的特征。科技成果的转让与一般的商品交换有着显著的区别，一般商品交换在交换完成后双方关系即刻中止。而一项科学技术成果的转让，其目的是在生产中应用并产生效益。科技服务工作是一个在科技成果应用中，解决各种出现的技术问题并不断完善技术的过程，具有一定的延续性。作为促成科学技术成果的转让的"居间人"，科技服务机构需在整个转让过程中提供持续的科技服务。

（5）知识密集性。科技服务业主要靠其从业人员的智力活动获取收益，属于典型的知识型服务业。科技服务机构所服务的主体和其行业所具有专业化的特点决定了其提供的服务知识水平较高，因此，科技服务业发展的第一要素是知识要素。科技创新可以创造新的知识，科技服务可以造成知识流动，科技服务业的目标是引入外部资源从而取长补短，形成科研与产业间的强强联合。科技服务机构已成为技术创新体系重要组成部分，其服务贯穿技术创新和技术扩散整个过程，故其对从业人员知识结构、人际及产业关系要求颇高，往往具有技术、营销、法律专长和良好的产业关系的人才能胜任[12]。通常情况下，科技服务业的从业人员绝大部分是接受过高等教育或相应培训的人才，往往具有非常高的专业知识，他们是科技服务机构与客户之间知识交换的界面，科技服务能力的高低与从业人员的素质密切相关。

（6）效益优化性。科学技术是第一生产力，科技服务业可以促进先进的科学技术转化为现实生产力，切实提高生产力水平。科技服务业不仅成为现代服务业的新业态，具有独立的产业特性，并且，它往往能给科技企业及社会带来巨大的经济效益和社会效益，这是科技服务活动与一般的服务活动的本质区别，一般发达国家的科技服务业的经济贡献量约占其 GDP 的 5% ~ 10% 或更高[13]。

1.1.3　科技服务业的主体分类

三次产业将国民经济部门划分为农业、制造业、服务业，科技服务业列入服务业，但是在制造业的价值链中，服务活动所占的比例越来越高，其中也包含着科技服务活动，如果将制造企业内部的科技服务活动分离出来，演变为由独立的法人组织面向社会提供科技服务，那么该企业就可以被称为科技服务机构。

按业务范围分类，我国的科技服务机构可划分为综合服务型、专业服务型、资源配置服务型三大类：

（1）综合服务型以提供综合性的科技中介服务为主，带有党委或政府委托在某些领域提供科技服务的职能，能够开展全方位、全过程的科技服务，如生产力促进中心、创业服务中心、科技园、行业协会、科技协会、研究会等。

（2）专业服务型具有某个专业领域的服务特长和服务功能，提供专业技术（研究、试验）、专业设计、技术转让、科技咨询服务。如工程技术研发中心、信息中心、各种专业科技咨询机构、科技成果转化机构、技术推广机构、技术培训机构、农村专业技术协会，以及科协系统联系指导的各级各类学会、协会等。

（3）资源配置服务型的主要功能是为科技资源合理配置和有效流动提供服务。这类服务具体包括人才、市场、投资等机构，如人才交流、技术交易市场（技术合同登记）、风险投资、信用担保机构、资源勘探、科技咨询中心以及科技活动中心等，按照服务内容的差异性又可以细化分为科技信息、科技设施、科技贸易、科技金融和企业孵化器五大子系统。

1.1.4 按照服务功能，我国的科技服务机构划分为五类

（1）为科技资源有效流动、合理配置提供服务的科技服务机构。如科学研究和技术开发类机构、与国家级科研院所共建的开放式研发机构、科技成果推广机构、工程中心、国家级工程（技术）研究中心、国家认定的企业技术中心、重点实验室、技术交易机构、技术中介机构、对外科技交流中心、技术市场平台、产权代理、人才流动市场、科技条件市场等。具体如中关村构建核心技术标准创制与技术交易中心、中国技术交易所、中国技术交易网、中国科学技术交流中心、北京市技术市场等。

（2）以现有中小企业为服务对象的技术创新综合服务机构。如生产力促进中心、高新技术创业服务中心、新产品开发设计中心、科研中试基地、实验基地建设、科学普及、技术推广、科技交流、技术咨询、知识产权及气象、环保、测绘、地震、海洋、技术监督机构等[14]。作为非营利性的科技服务实体，生产力促进中心以中小企业和乡镇企业为主要服务对象，组织科技力量（技术、成果、人才、信息）进入中小企业和乡镇企业，以各种方式为企业提供服务，促进企业的技术进步，提高企业的市场竞争能力[15]。

（3）主要为中小企业创业发展提供空间和其他培育、扶持服务的科技企业孵化器机构[16]。科技企业孵化器包括科技创业服务中心、专业技术型孵化器、高校科技园、软件科技园、留学人员创业园等。具体如北京农业生物技术种业孵化器、北京师大科技园科技发展有限责任公司、北京高技术创业服务中心、中关村科技园区丰台园科技创业服务中心、中关村科技园区海淀园创业服务中心、北京望京科技孵化服务有限公司、北京中关村国际企业孵化器有限公司、北京北航天汇科技孵化器有限公司、汇龙森国际企业孵化（北京）有限公司、北京华海基业科技孵化器有限公司、北京中关村软件园孵化服务有限公司、北京中关村上地生物科技发展有限公司等。

（4）为科技服务企业、机构提供交流、培训等服务，促使科技服务规范化、标准化的各类行业协会和产业技术联盟等。行业协会和产业技术联盟的成立适应经济社会发展需要，适应科技服务业发展需要，有助于加快科技资源整合，有利于科技服务业从业机构的团结和科技服务业的行业自律。具体如首都科技服务业协会、北京科技咨询业协会、北京创业孵育协会、北京软件行业协会、北京市工程咨询协会、北京质量检验认证协会3G产业联盟、DVD技术标准联盟、TD-SCDMA产业联盟、闪联产业技术创新战略联盟、北京材料分析测试联盟、长风开放标准平台软件联盟、音视频产业联盟（AVS）、中国生物技术创新服务联盟、北京协同创新服务联盟、首都工程技术创新产业联盟、首都新能源产业技术联盟等。

（5）利用科技文献、科技咨询和科技管理提供咨询服务，致力于需求供给对接的机构和平台。如各级、各类科技信息网络中心，科技评估中心，科技招投标机构及各类科技咨询机构，知识产权保护等法律服务中心，项目融资服务，政策与管理机构等。具体如国际技术转移协作网络（ITTN）、北京创新驿站、国际版权交易中心首都科技成果产业化公共服务平台、生物医药领域成果转化与承接平台等。

1.2 中国科协发挥科技服务作用的功能定位

中国科协发挥科技服务作用的功能定位，就是要同时回答是什么样的组织、做什么样的组织以及发挥什么样的作用这几个问题。只有同时正确回答并解决了性质、职能和任务这三个基本问题，中国科协开展科技服务业的功能定位在理论上才是完整的，在实践上才是可行的[17]。

1.2.1 中国科协科技服务的性质

关于中国科协性质的最准确表述，应当是中国科协章程，但它处于一个发展变化的过程。这种发展变化一方面反映了中国科协自身的发展变化，另一方面也反映了国家对中国科协性质认识的不断深化[18]。

中国科协五大章程对中国科协的性质完整表述为：中国科协是中国科学技术工作者的群众组织，是中国共产党领导下的人民团体，是党和政府联系科学技术工作者的桥梁和纽带，是国家推动科学技术事业发展的重要力量[19]。至此，中国科协章程形成了关于中国科协性质"四个是"的经典表述，之后的历届章程都延续了这样的表述。这"四个是"从根本上完整地回答了科协"是什么"的问题，是关于中国科协性质的基本而权威的判断，它明确了中国科协与党和政府的关系，与科技工作者的关系，与国家科技事业的关系。

根据这个基本表述，中国科协从工作层面提出实现党和政府联系科技工作者的桥梁纽带职责，集中抓好学术交流、科学普及、国际民间科技交往等任务的总体思路。这一思路，在中国科协五届三次全委会议工作报告中表述为"学术交流主渠道、科普工作主力军、国际民间科技交流主要代表、科技工作者之家"。全委会议后，这一提法被地方科协的同志概括为"三主一家"。

"三主一家"是对中国科协章程关于中国科协性质表述的具体化和现实展开，是从实践层面、工作层面、操作层面作出的关于"科协是什么"的判断，是基于当时的思想认识水平和工作发展阶段对中国科协性质的精练概括。

这个表述也得到了中央领导同志的肯定。时任中共中央政治局委员、书记处书记、国务院副总理温家宝在中国科协六大闭幕式上的讲话中要求，第六届全国委员会要在以往工作的基础上，不断深化改革，继续拓展新的工作领域，进一步树立学术交流主渠道、科普工作主力军、国际民间科技交流主要代表和科技工作者之家的鲜明社会形象，推动科协工作的发展。

所以，究其本质，中国科协的性质是依靠已经建立起来的庞大的组织体系来促进我国在科技领域的发展和进步。这就在客观上要求这个庞大的组织体系必须健全，运转必须顺畅，工作必须高效。而这些都需要通过加强中国科协的组织建设来实现。所以，加强科协的组织建设，建立更加紧密联系的中国科协组织体系，从根本上说，是由其性质所决定的。

1.2.2　中国科协科技服务的任务

中国科协的基本功能定位说明它是中国历史发展的产物，与学术团体相伴而生，与科技团体相依而进，相互之间形成了不解之缘。因此，讨论中国科协的功能定位，不能不谈到学会。学会是中国科协的主体，是中国科协产生、存在和发展的根基。中国科协所属全国学会已达200个，包括理、工、农、医各个学科以及交叉学科、边缘学科在内的自然科学领域，涉及科学、技术、工程各个方面。而各个学会又是由所在的各个学科、领域的科技工作者构成的。学会的功能定位，很大程度上决定了中国科协的功能定位。

中国科协的性质和职能或地位和作用是要通过学会的作用来体现和实现的，但学会的作用又不能简单地代替科协的作用。因此，需要研究兼具整体性和系统性的中国科协的特殊性。

首先，由于中国科协是由各个自然科学学会构成的，这一点决定了中国科协成为不同于一般社会团体的科技性社会团体（科技社团）。其次，中国科协和中国科协所属的学会，虽然都具有社会性和科技性的高度统一，都可以称之为科技社团，但学会的重点在学术性，而中国科协的重点则在社会性。最后，中国科协的科技性、学术性，是各个自然科学学科、领域高度密集的综合的科技性、学术性，不同于各个学科、领域的科技社团、学术社团的单一的科技性、学术性。

概括地说，中国科协作为科技性社团，具有不同于其他社会团体的优势和特点，可以发挥更大的独特的作用。一般的社会团体，突出的是社会性；一般的学会，突出的是学术性。而作为以科技性、学术性团体为主体构成的人民团体、社会团体、群众团体，中国科协则是社会性和学术性的统一。

中国科协作为科技社团，其社会性和科技性统一的特征，正契合了中国科协作为科学共同体的根本属性。可见，科技性社会团体，社会性和科技性的统一，是中国科协功能定位的集中体现。

1.2.3　科技服务的职能

中国科协七大章程规定，中国科协要促进科学技术的繁荣和发展，促进科学技术的普及和推广，促进科学技术人才的成长和提高，促进科学技术与经济的结合；反映科学技术工作者的意见，维护科学技术工作者的合法权益；为经济社会发展服务，为提高全民科学素质服务，为科学技术工作者服务，推动社会主义经济建设、政治建设、文化建设和社会建设，构建社会主义和谐社会。在"三促进"的基础上增加了"促进科学技术与经济的结合"，形成"四促进"的表述；由"两个服务"变为"三服务"，至此形成了关于中国科协宗旨、职能的经典表述。

"三服务"是中国科协六届五次全委会提出来的，完整表述是：为广大科技工作者服务，为经济社会全面协调可持续发展服务，为提高公众科学文化素质服务，不断加强自身建设，被概括为"三服务一加强"。

"三服务一加强"是对中国科协章程关于中国科协职能表述的具体化和现实展开，是从战略层面和全局高度作出的关于"科协做什么"的阐述，是基于当时的思想认识水平和工作发展阶段对中国科协职能的精练概括。由此可见，科技工作者既是当前科技服务的行为主体，同时这个行业的涌现和发展又是为新常态下我国经济结构科学合理地调整而服务的，必然也会促进科学知识在整个社会层面的传播。因此，中国科协的职能与科技服务能力是辩证统一的，与各级学会发展科技服务业，不仅为性质所必需，也为职能所必需。

1.3　中国科协发展科技服务业的时代背景

科技服务业是基于信息网络、运用现代科技知识、现代技术和分析方法，向社会提供智力服务和支撑的产业[20]，是现代服务业的重要组成部分，是科技创新体系建设的重要内容。2014 年 10 月 28 日发布的《国务院关于加快科技服务业发展的若干意见》（国发〔2014〕49 号，简称《科技服务业发展意见》）指出：加快科技服务业发展，是推动科技创新和科技成果转化、促进科技经济深度融合的客观要求，是调整优化产业结构、培育新经济增长点的重要举措，是实现科技创新引领产业升级、推动经济向中高端水平迈进的关键一环，对于深入实施创新驱动发展战略、推动经济提质增效升级具有重要意义[21]。

1.3.1　科技服务业的产生和组织形式

科技服务业存在的根本原因在于社会经济与科技活动的复杂性以及社会化生产和分工的需要。目前，对科技服务业的研究主要是运用经济学理论和创新理论解释科技服务业存在的必要性及其在经济社会发展中的功能，对不同领域科技服务业的发展规律研究不多。相对于农业、工业和其他服务行业来说，科技服务业是一个年轻的行业。在其产生、发展的过程中，根据其自身行业发展的规律，形成了区别于其他行业的独特之处。科技服务业的主要特征可以概括为以下六点，即科技服务性、服务综合性、服务社会性、服务延续性、知识密集性和效益优化性。三次产业理论将国民经济部门划分为农业、制造业、服务业，科技服务业被列入服务业，但是在科学和技术区别的日益减小、科技与产品的难以区分和科技服务跨度较大等因素的推动下，科技服务业与农业、制造业变得难舍难分。目前，在制造业的价值链中，服务活动所占的比例越来越高，其中也包含着科技服务活动。当将制造企业内部的科技服务活动分离出来，演变为由独立的法人组织面向社会提供科技服务，那么该组织就可以被称为（生产服务业）科技服务机构[22]。

按业务范围分类，目前，我国的科技服务机构可划分为综合服务型、专业服务型、资源配置服务型三大类。①综合服务型以提供综合性的科技中介服务为主，往往带有党委或政府委托在某些领域提供科技服务的职能，能够开展全方位、全过程的科技服务。②专业服务型具有某个专业领域的服务特长和服务功能，提供专业技术（研究、试验）、专业设计、技术转让、科技咨询服务。③资源配置服务型的主要功能是为科技资源合理配置和有效流动提供服务。按照服务功能，我国的科技服务机构又可划分为以下五类：①为科技资源有效流动、合理配置提供服务的科技服务机构。如科学研究和技术开发类机构、与国家级科研院所共建的开放式研发机构、科技成果推广机构等。②以现有中小企业为服务对象的技术创新综合服务机构。如生产力促进中心、高新技术创业服务中心、新产品开发设计中心等。③主要为中小企业创业发展提供空间和其他培育、扶持服务的科技企业孵化器机构。科技企业孵化器包括科技创业服务中心、专业技术型孵化器、高校科技园、软件科技园、留学人员创业园等。④为科技服务企业、机构提供交流、培训等服务，促使科技服务规范化、标准化的各类行业协会和产业技术联盟等。⑤利用科技文献、科技咨询和科技管理提供咨询服务，致力于需求供给对接的机构和平台，如各级、各类科技信息网络中心，科技评估中心，科技招投标机构及各类科技咨询机构，知识产权保护等法律服务中心等[23]。

1.3.2 开展科技服务业符合科协宗旨

中国科协的性质和宗旨体现在中国科协章程和科协开展的主要活动中，随着社会的发展，也在不断调整中。这种发展变化一方面反映了政府对中国科协组织要求的发展变化，另一方面也反映了中国科协组织对自身职能和作用认识的不断深化。

中国科协是由 1950 年 8 月成立的中华全国自然科学专门学会联合会（简称

全国科联）和中国全国科学技术普及协会于 1958 年合并而成。1996 年 5 月，中国科协第五次全国代表大会召开，从章程上对中国科协的性质进行了描述：中国科学技术协会是中国科学技术工作者的群众组织，是中国共产党领导下的人民团体，是党和政府联系科学技术工作者的桥梁和纽带，是国家推动科学技术事业发展的重要力量。至此，中国科协形成了关于中国科协性质的定义，随后的历届章程都延续了这样的表述。"四个是"初步回答了是什么的问题，是中国科协宗旨的完整表述，它明确了中国科协与党和政府的关系，与科技工作者的关系，与国家科技事业（包括科技服务业）的关系。

与性质表述相呼应，中国科协第五次全国代表大会后，中国科协党组从工作层面提出实现党和政府联系科技工作者的桥梁纽带职责，集中抓好学术交流、科学普及、国际民间科技交往等任务的总体思路。中国科协五届三次全委会议工作报告将总体思路表述为学术交流主渠道、科普工作主力军、国际民间科技交流主要代表、科技工作者之家。从某种意义上说，在我国从计划经济向市场经济转变过程中，科协开展的学术交流活动已经为科研和生产提供了服务和支撑[24]。

1.3.3 专职化带动科技服务队伍发展

学会专职人员的科技素质对学会开展科技服务具有重要影响，以秘书长为代表的团体科技服务沟通能力更是影响学会科技服务能力的关键之一。近年来，科协各级学会具有博士学历的秘书长比例达到 59%，增长率为 21%，专职工作人员中，硕士及以上学历人员增长 16%；具有本科学历的人员比例下降 10%，两者占全部专职工作人员的 74.9%。大专、高中以下学历的专职工作人员所占比例分别为 21% 和 4%，如图 1-1 所示。这说明学会专职人员学历层次不断提高，逐步形成了一支科学素质过硬的团队。

随着自身能力建设和组织发展的需要，学会继续通过培训增强专职工作人员的专业素质，培训总体上表现出多渠道、多层次、广泛性的特点。从接受培训的渠道而言，仍然以中国科协、其他专业培训渠道、高校为主，如图 1-2 所示。

随着政府机构改革和职能转移、事业单位和人民团体的改革进一步推进，学会专职人员的专业化、社会化程度进一步增强。在这个过程中，必须解决科协组织建设面临的各种问题。例如，如何解决专职工作人员的工资待遇与社会保障；如何推动事业单位改革使学会与事业单位的发展处于平等地位；如何解决很多学会本身既是社会组织又是事业单位的问题等。所以说，科协人员队伍建设职业化和规范化决定了科协组织发挥科技服务作用的成效，必须得到各地科协和各级学

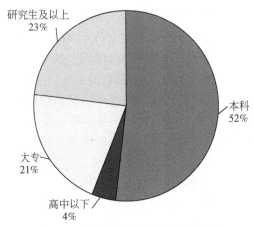

图 1-1　学会专制工作人员学历结构

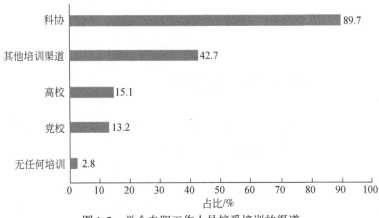

图 1-2　学会专职工作人员接受培训的渠道

会的高度重视，以期建立一支结构合理、精干高效、专兼职人员和志愿者相结合的科技服务业人员队伍。

1.3.4　科技服务业重视程度日益提高

中国科协七大章程规定，中国科协要促进科学技术的繁荣和发展，促进科学技术的普及和推广，促进科学技术人才的成长和提高，促进科学技术与经济的结合；反映科学技术工作者的意见，维护科学技术工作者的合法权益；为经济社会发展服务，为提高全民科学素质服务，为科学技术工作者服务，推动社会主义经济建设、政治建设、文化建设和社会建设，构建社会主义和谐社会。

在"三促进"的基础上增加了"促进科学技术与经济的结合",形成了"四促进"的表述;由"两个服务"变为"三服务",至此形成了关于中国科协宗旨、职能的经典表述[25]。

值得注意的是,"三服务"是中国科协六届五次全委会提出来的,这个表述得到了中央书记处的肯定。中央书记处在 2005 年 1 月 14 日听取中国科协党组 2004 年工作汇报后形成的几点意见中指出,中国科协提出的"三个服务",进一步明确了科协工作在党和国家工作全局中的定位,充分体现了新形势新任务对科协工作的要求。

1.3.5 创新趋势对创新服务的新需求

中国转型发展呼唤国家创新战略,创新驱动战略期待创新发展。纵观中国科技发展大势,明显呈现出"四高"的新特征:一是科技高依存,"科技红利"替代"人口红利",科技创新渐成中国崛起的新增长点;二是科技高竞争,"技术竞争"替代"要素竞争",科技日益成为区域竞争的焦点;三是科技高需求,"技术瓶颈"替代"资本瓶颈",创新能力成为企业核心竞争力;四是科技高增长,"经济新常态"必将引发"科技新生态",中国进入创新支撑发展的新时代。这种创新发展大势,创造庞大的创新服务需求,给中国科协组织的科技服务提供了难得的机遇。

科技创新服务短缺呼唤科技服务,迫切需要中国科协服务体系提升服务能力。2015 年 2 月,中共中央印发了《关于加强和改进党的群团工作的意见》[26],中央也曾提出要"优先发展科技类社团",这些要求需要中国科协组织作出积极响应,构建科协特色的创新服务体系,弥补科技中介服务空缺,积极有效介入科技服务。需要强调的是,中国科协作为国家创新体系的重要组成部分,担负着科技服务的重要职能,在创新驱动发展的新背景下,如何界定科协服务边界与特征,如何选择科协科技服务路径,如何构建科协特色科技服务体系,如何实现有效的科技服务供给,是亟须研究和解决的问题,是攸关中国科协发展的重大课题。

1.4 科协承接政府职能的具体表现

无论是从组织目标还是从开展的业务来看,科协事业与科技服务业的发展息息相关。"促进科学技术与经济的结合"是中国科协的宗旨之一,"组织科学技术工作者为建立以企业为主体的技术创新体系、全面提升企业的自主创新能力作贡献"是科协章程确定的一项重要任务。科技服务业发展意见提出要重点发展科技咨询和科技普及等专业科技服务和综合科技服务,正是中国科协组织提供的主要服务。从开展"金桥工程"推动科技成果转移转化到建立"院士专家工作站",实施"会企合作"和"创新驱动助力工程",多年来,各级科协已开展了一系列科技服务业品牌活动。中国科协联系指导的各级各类学会和科技咨询机构既是科技服务业的重要组成部分,也支撑着其他科技服务机构共同实施创新驱动战略。

1.4.1　学会科技服务能力日益增强

开展科技服务业必须尊重市场规律,注重投入产出。调研发现,2009 年以后,中国科协各全国学会承担科技服务类委托项目收入迅速增加。由此可以说明,近年来,在政府职能转移的过程中,学会一方面利用自身优势,发挥相应作用,积极承接政府部分职能。另一方面,学会通过不断的改革和创新增强了自身能力,逐步适应社会化服务要求,如图 1-3 所示。

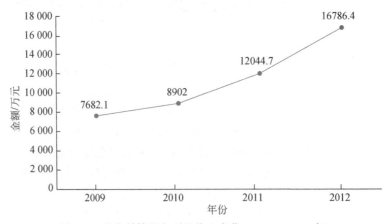

图 1-3　学会科技服务项目收入变化(2009~2012 年)

从不同学科学会来看,2009~2012 年,承担科技服务项目收入高低依次排序为理科学会、交叉学科学会、医科学会、工科学会、农科学会。工科学会仍旧呈稳定增长趋势,其他学科的学会收入具有较大幅度的波动,如表 1-1 和图 1-4所示。这说明不同领域学会开展科技服务业的能力不同。

表1-1 不同学科学会承担委托项目收入数量变化

项目	年份						
	2006	2007	2008	2009	2010	2011	2012
理科学会	3 776.5	239.6	3 529.9	629.1	577.5	486.2	1 226.1
工科学会	957.6	1 789.3	1 909.8	1 884.9	3 211.8	5 270.3	10 602.4
农科学会	74.9	396.6	439.8	1 329.2	1 877.3	2 238.7	1 874.1
医科学会	2 979.5	1 446.8	214.3	576.0	1 033.9	1 852.7	990.1
交叉学科学会	879.9	1 265.5	482.8	3 134.4	2 655.2	2 062.9	1 942.8

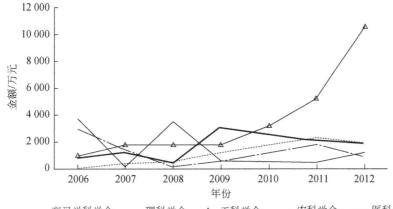

图1-4 不同学科学会科技服务项目收入变化（2006～2012年）

1.4.2 学会是中国科协科技服务业的主体

学会是中国科协的主体，是中国科协产生、存在和发展的根基，也是开展科技服务的基本力量。学会的科技服务能力，很大程度上决定了科协组织的科技服务能力。

中国科协所属全国学会的学科领域覆盖了基础科学、应用科学和工程技术等主要领域，同时这些学会历史悠久，组织健全，活动规范，业绩显著，享有较强的学术权威性和社会公信力。民政部于2013年公布了2012年度全国性社会组织评估等级结果，其中5A级（4个）和4A级（12个）学术社团全部是中国科协所属学会。根据2012年的相关统计资料，中国科协所属全国学会平均资产已高于同类社团组织约20%。中国科协所属全国学会，资产千万以上的已占近30%。在承接科技成果评价、人才评价、科技项目评价等政府职能过程中，学会开展科技服务业优势明显，具体体现在如下几个方面。

（1）独立的社团法人身份。独立的社团法人身份使学会成为能够承担法律责任的主体。以科技评价为例，目前我国大多采取同行评议的方式。这种项目评审委员会组成的评审组，组织结构松散，属于临时性的，相应的评审人员选择机制缺乏。在这种基于随意性和临时性组建的评审组，如果科技评价结果产生错误，则无人问责。因为根据我国民法通则，只有具有独立的法人实体才具有民事权利能力和民事行为能力，承担民事义务[27]。因此，独立法人地位的学会能够成为政府职能转移的主体。

（2）客观公正的地位。学会作为非营利性组织，坚持公益性的价值取向是其根本特征，这使其在承接政府职能过程中，更为客观公正。学会的工作目标与运作方式与其他机构不同，学会内部治理结构相对完善，形成了特有的自律机制，这有利于超脱部门利益，在评价程序和方法上相对科学、公正。

（3）专业性和权威性。学会作为高层次的科学共同体，能够在本学科领域得到科技工作者的充分信赖和支持，具有广泛认可的专业性和学术权威性[28]。据统计，近年来，各学会在承接政府转移职能和开展科技服务过程中，已相继建立 100 多个专家库，90 多个科技成果库，储备专家信息约 7 万条，成果信息 9.9 万条，建立了 1800 多个工作基地，拥有近千名从事相关工作的专职人员。

（4）雄厚的人才力量。中国科协所属全国学会，人才荟萃，囊括本学科、本专业最优秀的人才，很多学会会员数量达到数万乃至数十万的规模。从组织和人员构成来看，学会通过理事会、专业委员会、会员网络的独特组织形式，集聚了本行业、本专业领域最顶尖的专家学者。

（5）组织结构优势。学会横向的组织体系广泛，各学会建立了 3000 多个分科学会和工作委员会，拥有 1 万多个省市对口地方学会，与 200 个国际组织建立了联系，形成了具有跨部门、跨领域、跨行业、跨所有制的组织网络体系，能够基本覆盖本学科相关组织。因此，与单独的事业单位、高校、研究机构、中介机构相比，学会视野更为开阔，受局部影响较小，学科整体利益代表性较强，可以代表本学科的科技工作者参与国家、科技和社会事务。

1.4.3 职能转移成为科协发展契机

由于学会自身专业性和技术性优势，其在科技奖励、科技人才评价、科技成果和技术鉴定、科研机构评价、技术标准和规范制定等方面能较好地承接政府转移职能[29]。为积极探索、主动争取承接政府转移职能工作，进一步拓展学会发展活动空间，提高社会影响力和公信力，增强自我发展能力，学会也有意识地推动承接社会化职能工作。

学会主要采取社会服务职能与承接政府转移职能并举的模式开展服务，从政府和社会两个方面拓展生存空间。一方面，学会加强能力建设，积极稳妥地承接政府转移职能。中国科协所属 200 个全国学会中，已有 136 个学会承担或曾经承担过与政府职能转移相关的工作。转移职能的主体是业务指导单位，据调查，2013 年，业务指导单位转移给学会的职能占学会承接职能的 59.8%；学会承接中央政府转移的职能占比最高，达到 75.7%，省级政府占 37.5%。另一方面，学会大力拓展社会服务职能，积极拓展生存空间。如 2011 年开展的 84 项科技奖励中，仅有 42.9% 来自政府委托，其余为学会发挥主观能动性开拓的服务职能。据初步统计，学会共承接了 342 项职能及相关任务，其中，科技奖励 142 项，科技人才评价（含工程教育认证）47 项，标准和规范制定 42 项，成果评价和鉴定 32 项，科研项目评价 12 项，机构评价 7 项。

学会承接政府转移职能的方式可以划分为行政委托、直接授权、直接转移、主动开拓四种模式。行政委托是指政府部门根据需要将某些职能的某些环节或部分工作以委托的形式交给学会承接，这种类型约占学会承接政府转移职能总量的四成。直接授权模式指政府依据法律或行政规章，通过资质认可，直接授权学会承接一些职能。直接转移模式是指政府逐步取消或下放部分职能后，学会主动进入一些领域开展服务，这些服务主要以科技奖励、科技成果评价和技术鉴定为主，约占政府向学会转移职能总量的五成。主动开拓模式是指在一些政府无暇顾及的领域，学会基于行业和社会需求，以主动精神开拓的一些职能，这类模式约占总量的一成。

党的十八大以来，政府机构改革与职能转移力度加大，进程加快，学会的地位和作用得到党和政府以及社会各界更多的重视。2013 年《国务院机构改革和职能转变方案》明确提出"需要对企业事业单位和个人进行水平评价的，政府部门依法制定职业标准或评价规范，由有关行业协会、学会具体认定"，为学会承接政府转移职能提供了新机遇。中国科协在承接政府转移职能的同时，也充分利用自身优势，拓展社会化服务职能，发挥其在社会治理中的独特功能，促进其面向社会决策咨询的智库作用更好发挥。

调查表明，学会承接政府转移职能主动性、积极性不断提高。学会共开展了 349 项职能及相关任务，在反馈调查表中有 160 个学会希望承接政府转移职能 289 项。经中国科协与相关政府部门协调，2013 年年底，已有 20 个政府部门表示可将 83 项职能转移（委托）给学会承担。

中共中央、国务院在《关于深化科技体制改革加快国家创新体系建设的意见》中，要求"充分发挥科技社团在科技评价中的作用"，在有关任务分解方案中，将提升学会能力、建立科技社团参与第三方评估资质认证标准、开展学会参与第三方评估试点工作作为近两年率先启动的重点。全国十二届人大会议通过的《国务院机构改革和职能转变方案》，明确指出"要对企业事业单位和个人进行水平评价的，政府部门依法制定职业标准或评价规范，由有关行业协会、学会具体认定"。由此说明学会承接政府职能已成为推进政府机构改革和职能转移的利器[30]。

多年来，学会作为国家创新体系和社会建设的重要力量，团结动员广大科技工作者，为推动我国科技进步和经济发展作出不可替代的重要贡献。学会的发展也面临许多深层次问题，处于重要的转折时期。充分发挥学会的作用，积极推进学会有序承接政府转移职能，对于贯彻党的十八大和十八届三中全会关于加快形成现代社会组织体制、创新社会治理方式、深化政府改革和职能转变，推进国家治理体系和治理能力现代化都具有重要的理论和现实意义，将有利于推进科技体制改革，加快国家创新体系建设。

上述重大政策和举措的出台，都为学会参与社会治理创新、承接政府转移职能指明了方向，提供了发展机遇。学会承接政府转移职能，一方面有助于政府改革、理顺政府职能；另一方面，学会能够在承接政府转移职能过程中，不断发展，能力和社会公信力不断提升，活动空间不断拓展，逐渐成为社会治理的重要主体之一。

1.4.4 科协组织建设积累宝贵经验

（1）增进学会与政府部门的共识是发展科技服务业的前提。近年来，随着政府简政放权，学会等社会组织承接政府部门工作的机会越来越多，但这些机会并不好把握[31]。在实际工作中一些学会发现，政府部门愿意转移的职能并不是政府不该做的，而是政府做不好的。这些工作往往涉及面广，各利益方难以达成共识。学会要承接这些职能，只有不断开拓创新，不断沟通协调，才可能获得社会广泛支持，工作成效才能被政府部门认可。

（2）建设智库可以引领科协科技服务业的发展。近年来，党和政府高度重视发挥科协组织在促进重大决策科学化、民主化中的作用。党的十八届三中全会报告提出：加强中国特色新型智库建设，建立健全决策咨询制度[32,33]。从中央到地方，建设科技智库正成为科协工作一项重要任务。围绕智库建设，按照同行评价原则甄选出一批专业水平高、社会责任感强的专家入库，同时也可依托他们开展科技服务。通过建设和使用智库，科协组织就能进一步发挥专家在科技奖励、科技人才评价、科技成果和技术鉴定、科研机构评价、技术标准和规范制定等科技创新服务方面的优势作用。

（3）发挥组织网络资源是科协科技服务业的发展路径。多年实践表明，不论是科技奖励、专业技术资格认证、职业技能鉴定等科技人才类服务，还是新产品研发、科技成果转化等科技项目类服务，现代科技服务工作涉及的服务对象越来越广泛，且情况十分复杂，只有整合学会团体会员、分支机构、省、市（县）学会健全的网络体系，发挥各方面力量，共同参与，才能实现共赢。

（4）提升学会自身能力是承接政府转移职能的根本保证。学会要以服务求生存、以服务促发展，必须坚持以服务质量为根本、公信力为生命的价值理念。因此，学会要不断加强自身能力建设，要坚持民主办会，主动服务会员、服务社会；完善相关财政预算和决算制度，专款专用；建立权责明确、信息公开制度；加强组织建设，培育一支专业化、规模化的团队，为承接政府职能打下重要的基础。

1.5　中国科协发展科技服务业存在的问题

1.5.1　承接政府职能转移形势复杂

中国科协把推进学会承接社会化职能作为重要发展战略，但是推进过程并不是一帆风顺的。　一方面政府简政放权的动力不足；另一方面，与这些职能相关联的事业单位、"红顶"中介①很多，参与职能转移的竞争激烈。另外，有些政府不愿做、做不好的事情，学会接手同样难做。职能转移如果需要政府支持或配合，相关政策法律仍有待完善。据调查，2013 年，职能转移相关政策法律不健全是政府职能转移滞后的最重要原因（占 64.9%），其次是政府不愿放权（占 50.4%），如图 1-5 所示。

（1）法律和政策不完善。学会作为非营利科技类社会组织开展科技服务时优劣势并存，他们的履职和问责与中介机构存在不同，需要在准入门槛、税收等方面进行制度规定。目前《政府采购法》中没有对公共服务的采购作出明确规定，尽管国务院已经出台《政府向社会力量购买服务的指导意见》，但是关于政府转移职能和购买服务的相关法律制度仍然缺失。关于学会承接政府职能和购买

---

①　"红顶"中介，是一种腐败现象，指政府官员通过形形色色的手续、关卡、资质、认证，蚕食着行政审批权红利。以服务费、会费、协作费、咨询费的名义"分红"，要么以高房租、超额水电费等享受向主管部门"进贡"，有甚者直接将资金划转至主管部门或者所属事业单位，极大地伤害了政府的公信力。

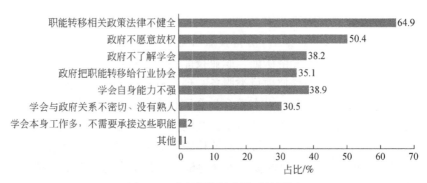

图 1-5　政府职能转移滞后的原因

服务的政策目前还没有出台，相配套的制度及改革措施还不完善。

（2）政社关系有待厘清。由于体制和制度的原因，长期以来，学会往往处于政府部门的从属地位，政府与学会间职能边界不清，权力、义务和相应的责任归属不明确。政府既是"裁判员"也是"运动员"，使得科技服务项目的招标等方式流于形式，购买流程不规范，缺乏有效的监督，购买服务内部化。模糊不清的政社关系造成学会独立性缺失、缺乏活力和积极性，制约了学会的成长和功能发挥。

（3）学会对承接职能作用认识不统一。调研数据显示，2013 年，30.8% 的学会认为，通过承接政府科技服务职能，学会的权威性增加，12.3% 的学会认为承接政府职能能够使得学会收入增加（图 1-6，图 1-7）。这说明，虽然政府职能转移与职能转变不断推进，但是出于组织定位、成本考量、组织能力等各方面的考虑，还有不少学会对承接政府职能持观望态度。

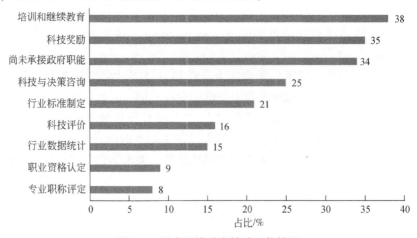

图 1-6　学会承接政府转移职能情况

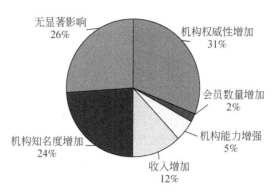

图 1-7　承接政府转移职能对学会的影响

　　由于体制、机制及自身能力的限制，学会在投资等其他收入创收渠道方面仍然处于初级发展阶段，绝大部分学会仍旧没有投资任何实体，包括咨询服务公司、教育培训机构或生产性企业，说明在与社会需求对接的层面，科协科技服务业态尚未真正形成。具体情况如图 1-8 所示。

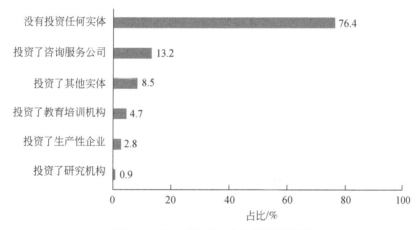

图 1-8　学会投资或主办实体机构情况

　　（4）学会科技服务发展不平衡。学会之间差距显著，内部发展不均衡，一部分学会由于长期以来受到体制束缚，功能发挥的空间不足，在组织体制、运行机制上存在一些弊端，制约了学会自身发展。部分学会独立开展科技服务、承担政府转移职能存在一定难度，需要政府积极培育和支持，促进学会自身能力的提升。

1.5.2 服务创新驱动模式有待优化

为贯彻落实习近平总书记关于加快实施创新驱动发展战略的系列重要讲话精神，着力打通科技工作者进军科技创新主战场的通道。中国科协 2014 年启动了创新驱动助力工程，从来自 22 个省份的 27 个申请城市中，首批选择保定、深圳、广州等 10 个城市作为试点，与地方联手打造创新驱动发展示范城市，组织全国学会带动科研机构和科技专家围绕地方经济转型升级和科技创新需求实施协同创新，促进科技成果、智力资源与区域经济发展深度对接，中国化工学会、中国农业工程学会等一批全国学会与试点城市签订对口合作协议[34,35]。

从组织模式来看，目前创新驱动助力工程进展快，规模也在逐渐增大，但工程质量还有待提高，搞对接仪式、签框架协议等场面活动仍偏多，能为企业解决实际问题，形成对专家、企业和社会都有利的科技成果还比较少。在开展创新服务过程中，如何遵循市场规律，兼顾政府、企业和专家的关注点，仍需要探索。

从科技服务方式来看，科协科技服务模式相对传统，随着移动互联网、物联网、云计算等技术的快速发展，为人们从大数据中筛选信息、洞察世界提供了新的可能。互联网的广泛普及，也为人们带来了大量的数据，包括新闻、微博、搜索、购物等网络数据，时间和位置数据，文本数据，RFID 数据，传感器数据，车载信息服务数据，遥测数据，视频监控数据，社交通信数据等，人们已经进入大数据时代。中国科协在"互联网+"时代下如何发展科技服务业，有效快速传播科技信息，开展全民科普服务，资源共享服务，人才队伍建设服务等都是值得思考的问题。

1.5.3 科技创新成果转化难度较大

虽然近年来国家、高校和科协都作出诸多努力来提高科技创新成果的转化率，但仍远低于发达国家60%～80%的水平。较低的科技创新成果转化率，不仅限制了高校的科技工作对社会发展的贡献，造成科学研究资源的浪费，也打击了高校科研人员的兴趣和动力，同时企业也不能及时有效地获取到自身所需要的科技创新成果，导致产品更新慢、市场竞争力弱化等问题。

（1）科技创新成果符合市场需求者少。我国目前高校和科研单位科研立项多，但实际转化为应用产品的比例相当少，其中重要的原因就是新成果符合市场需求者少，导致项目多、成果多、转化少的现象。高校的科技工作者利用高校的科研资源进行了大量的基础研究和应用研究。其中基础研究由于多涉及学科专业内最基本的理论研究，对于构建和不断完善一个学科领域而言非常重要，但由于其研究成果对于指导实际生产的意义并不大，所以即使基础研究硕果累累，但其转化为实际生产力和商品的比例也很低。

（2）企业对高校科研项目资金投入严重不足。一项科技创新成果要转化为具体的社会生产力，大致要经过研究与开发、成果转化和工业化生产三个阶段，其中转化阶段是投资最大、风险最大的阶段，很多优秀的应用研究就是因为中试环节资金问题而无法实现成果转化。

（3）科研激励机制不健全。激励机制运行的好坏将在很大程度上决定一个企业、单位的兴衰。当前，还有相当部分企业、高校、科研机构未建立起合理、完善的科研激励机制，从而影响了企业对科研成果的转化及高校和科研单位对先进科研项目的推进。

1.5.4　科技服务业产业化基础薄弱

科技服务业作为一个产业，必须遵循市场规律，顺应市场需求。学会等科协组织长期坚持自身公益性宣传，不熟悉市场化运作，所以市场化服务能力较弱。再加上科技服务的主体是企业，学会专家在学校的集中度高，而企业科协、高校科协等科协基层组织规模小，影响有限；公众对科协组织的认知程度不高，对科协组织提供的服务了解少，科协组织开展的活动和人民群众生产生活的联系不够密切，这些都造成科协组织的社会组织化程度不够高。同时，一些地方和部门在理解科协组织的地位、作用问题上存在着某些认识上的偏差，对新形势下科协组织发展的重大意义、客观趋势以及功能作用认识不到位。

科技服务机构认定制度对科协组织有影响。目前，我国现行政策对科协组织所属社会团体实行登记管理部门和业务主管单位双重负责的体制设计，造成进入社会的门槛过高，使许多具有"合理性"的组织无法取得"合法性"而游离在制度保护之外，影响了科协组织的设立和作用的发挥。另外，在监管方面，也存在制约少、监督力量薄弱、监管乏力的问题[36]。

融资难制约了科协对中小企业的科技服务。在资本市场上，小企业不规范程度高，在融资申请时难以达到要求，但小企业的融资需求又是很大的，两者存在矛盾，所以资本市场要包容中小企业的不规范。中小企业要想办法利用外部资金筹资，难点在于资本体系不健全和中小企业本身缺乏信息和信用，信息不对称造成的逆向选择和道德风险问题。

第2章 科协发挥科技服务功能的主要模式

"十二五"时期是我国全面建设小康社会的关键时期,是深化改革开放、加快转变经济发展方式的攻坚时期,也是实现科协事业科学发展的重要战略机遇期[37,38]。五年来,围绕加快转变经济发展方式,建设创新型国家,在中国科协的引领下,各级科协和学会出台了一系列的文件,开展了一批有影响力的科技服务活动,搭建了一批科技服务平台,以各级学会网络为依托,形成了立体的、多方位的、多层次的、面向经济社会发展和科技工作者的科技服务体系;服务科技创新能力逐渐增强,科技服务市场化和国际竞争力逐步提升,科协科技服务业态开始显现。

2.1 搭建服务平台,提升服务效率

2.1.1 引导科技人员创新创业

近些年,中国科协搭建了更多促进企业科技人员创新创业服务平台。以"讲比活动"和"金桥工程"为抓手,采用立项、搭桥、表彰等方式,引导企业科技人员创新创业。

2006年全国共有大中型工业企业32 647家,企业中的工程技术人员为349万人;设立科技机构的大中型工业企业为7579家,占总数的23.2%;有科技活动的为12 068个,占总数的37.0%[39]。2007年,中国科协会同国家发改委、科技部和国资委联合下发《关于在企业深入开展"讲理想、比贡献"活动的意见》,制定了表彰奖励办法,共同搭建活动工作平台,形成联合协作、共同推动的工作格局,为服务企业创新的方式日益广泛,企业取得的创新效果也得到体现。全国二十多个省(自治区、直辖市)科协联合相关政府部门成立"讲比活动"领导小组,设立了办公室,领导组织"讲比活动"的开展,并不断改进活动组织管理制度,完善立项、实施、评估、表彰等环节,逐步完善组织管理办法,努力建立长效机制。"讲比活动",激发了一线科技工作者的创新热情,工

作成效显著。

"金桥工程"是中国科协以经济建设为中心，以促进科技与经济相结合为宗旨而开展的一项实践活动。近年来，北京等地运用金桥工程种子资金直接支持科技人员创新创业，迈出了科协参与科技金融的步伐。天津科协为支持创新创业与企业孵化建立了天津科协科技创新创业中心。另外"千厂千会协作行动"为学会的科技人员进入经济建设主战场搭建了一个平台。主要目的是以经济建设为中心，遵循"形式多样、优势互补、自愿互利、共同发展"的原则，通过学会组织科技工作者深入企业，帮助重点国有企业和乡镇企业进行技术咨询、技术论证和技术攻关，为提高企业的技术创新能力和经济效益服务。

2.1.2　促进产学研协同创新

北京、浙江、福建和四川等多个省市科协参与了科技部"创新驿站"建设，搭建了科技承接转化平台，以促进科技成果的转移转化。北京科协联合中关村天合科技成果转化促进中心，围绕科技成果向市场化转移过程中产生的对专业化、职业化科技转化服务的需求，提供了科技与市场之间交流合作、科技成果向市场化转化的专业化评估体系和工具支持为核心的科技转化业态创新服务平台，加强了高校和科研院所资源整合，重点打造了"大型仪器协作共用"和"首都科技条件平台"等。福建省科协围绕"6·18"（中国海峡项目成果交易会），打造虚拟研究院，推动院士专家和企业对接。2014 年第十二届"6·18"展会期间，共有来自 64 个国家和地区近 400 家高校院所的 3000 多名专家参会，2100 多家企业参展，共有 24.5 万人次（增长 9.8%）进馆参会参观；共举办项目对接活动、科技论坛 33 场，企业新技术新产品推介对接活动 14 场，同时举办 4 场网上在线对接活动，对接合同项目 2042 项。同时，院士工作站、产业联盟等一批产学研合作平台项目在本届"6·18"期间达成合作协议。此外，在五天展会期间，共有 40 位海外专家，10 个院士工作站，280 位福建省"百人计划"专家，20 个境内外技术转移机构，1000 多家企业入驻"6·18"虚拟研究院[40]。

2.1.3　建设海智服务基地

截至目前，我国大约有 107 万名科技工作者在欧美国家生活和深造，如何发挥他们的庞大知识力量是一个重要命题。习近平总书记指出国际竞争历来就是时间和速度的竞争，谁动作快，谁就能抢占先机，掌握制高点和主动权；谁动作慢，谁就会丢失机会，被别人甩在后边。科协工作是党的人才工作重要组成部分，从中国科协五大提出的"三主一家"到现在的"三服务一加强"，动员鼓励海外高层次人才和战略性新兴企业开展国际交流与合作一直是中国科协科技服务业的一项重点工作。2008 年，中国科协参与了中共中央办公厅牵头实施的引进海外高层次人才的"千人计划"。截至 2015 年 4 月 15 日，国家"千人计划"已引进海外高层次人才 4100 多人，其中包括 50 名发达国家的院士。"千人计划"基本形成了覆盖各领域、各年龄段的引才体系，激发了海外高层次人才回国（来华）创新创业的热情，增强了我国对海外高层次人才的吸引力[41]。

为吸引海外智力参与国内科技服务，2004 年中国科协发起了海外智力为国服务行动计划，建立了统一的海外高层次人才信息库和人才需求信息发布平台，依托国家重大科研项目和重大工程、重点学科和重点科研基地、国际学术交流合作项目，建设了一批高层次创新型科技人才培养基地[42]。而且举办了中国科协"海智计划"研讨会，开展了海外优秀咨询建议征集和评选活动，组织海外科技人员开展国情咨询考察，加强了与海外华人科技社团的联系。"十二五"期间，"海智计划"工作基地建设进一步增强，全面建立技术、项目、人才接洽工作平台。截至 2015 年 4 月，"海智计划"联系的海外科技团体已从最初的 35 家增加至 91 家，遍布世界 15 个主要发达国家和地区，在全国设立的海智工作基地达 49 个，示范项目基地 6 个。49 个工作基地中，在华东 6 省 1 市（上海、江苏、浙江、安徽、福建、山东、江西）的基地有 30 个，占将近三分之二。这和华东地区经济发展迅速，对海外人才和先进技术需求量大相吻合。根据 30 个"海智计划"工作基地上报的数据显示，2014 年全年，共接待海外专家为国服务 6525 人次，引进海外人才 861 名，其中国家"千人计划"106 名，省级"千人计划"的 118 名，入选各级地方政府人才计划 291 名；协助各级政府组织招聘会 134 场，协助地方政府组织人才项目洽谈会 1022 场，经洽谈项目 4334 项，落地 533 项。中国科协支持各工作基地开展工作经费 250 万元，带动地方和相关园区、单位配套资金 1.28 亿元。

2.2　聚焦创新主体，提升服务质量

2.2.1　加强企业合作创新沟通渠道

企业是科技创新主体，也是科技服务业发展的重心。企业中存在着大量的科

技工作者，尤其是近年来高新技术企业不断增多，这个领域也集中了越来越多的科技创新人才。为了充分联系更广泛的科技工作者，中国科协加强了企业科协的建设，也以一些企业为依托建立了相应省级学会。企业科协围绕企业中心工作，搭建平台，集成资源，组织开展技术咨询、科技攻关、技术革新、专利申请以及调查研究、建言献策，帮助企业解决技术难题，促进科技成果转化、产学研对接、科技人才的成长，从而帮助企业综合提高经济效益和社会效益。

建设"院士专家工作站"，促进一流专家和一线科技工作者之间的合作创新。"院士专家工作站"是由科协等部门牵线搭桥，把院士、专家等高端人才及其创新团队引入企业，与企业研发团队联合进行技术研发、项目合作和人才培养，促进企业技术创新与产业转型升级的一个新平台[43]。截至 2013 年年底，各级科协共推动建立院士专家工作站 3323 个，提前超额完成了中国科协"十二五"规划制定的建站 1000 个目标。院士专家工作站已经成为新时期科协服务企业创新的重要方式。但是，院士专家工作站的建设和活动目前还存在一些不足：如建站分布区域主要集中在东部，西部地区发展较慢；院士专家会谈项目多，真正落地项目少等。根据问卷调查，超过一半的受访者认为专家院士工作站的效果不是很好，这也对科协的工作提出更高的要求，同时也需要地方科协组织认真总结院士工作站的经验，多动脑筋，想出更好的工作方法，以便科协为服务企业创新发挥更大的作用提供新的平台和渠道。

2.2.2　为企业集聚创新型人才

为了企业工程技术与管理人才的培养，推动科技人才向企业集聚，科协促进了产学研方面合作。例如，在企业中广泛深入地开展了技术创新方法培训和知识产权战略巡讲活动，促进科技人员将自身价值和企业发展相结合，营造群众性的创新氛围，培养了 50 000 名一线工程创新工程师、知识产权工程师。同时，中国科协也积极支持全国学会、地方科协和企业科协组织参与对企业工程师的评审工作，为完善与国际接轨的工程师认证认可制度打好基础。通过一系列措施，最终推动科技人才向企业集聚。为了积极应对国际科技竞争，提高自主创新能力，培养造就一批世界级科学家，我国已在具有相对优势的科研领域设立了 100 个科学家工作室。瞄准世界科技前沿和战略性新兴产业，每年重点支持和培养一批具有发展潜力的中青年科技创新领军人才。着眼于推动企业成为技术创新主体，每年重点扶持 1000 名科技创新创业人才。依托一批国家重大科研项目、国家重点工程和重大建设项目，建设若干重点领域创新团队。以高等学校、科研院所和高新技术产业开发区为依托，建设了 300 个创新人才培养示范基地。

2.2.3　帮助企业科技人才发展

随着企业的小型化和民营化，非公企业科技人员的职称评定等矛盾日益显现。为了企业和企业科技工作者共同发展，科协积极推动科技体制改革，参与权责明确、评价科学、创新引导的科技管理制度建设，健全有利于科技人才创新创业的评价、使用、激励措施。在吉林科协的努力协调下，吉林省人力资源和社会保障厅授权批准组建吉林省科协工程系列专业技术资格评审委员会，在全国科协系统参与社会管理与公共服务方面率先取得突破。吉林省科协工程系列专业技术资格评审委员会依托各省市学会评审全省从事轻工、化工、机械、电子、纺织、医药工程专业工作的专业技术人员。北京科协开展了企业优秀青年工程师评选、茅以升科技奖评选活动，做好各项鼓励和奖励推荐工作，向有关部门和国外科技团体举荐优秀科技人才。一些省市科协还依托企业建设了一批工程创新训练基地，建立和完善了与国际接轨的工程师认证认可制度，联合有关部门制定了产业领军人才、工程技术人才向重点产业集聚的倾斜政策。

2.3　探索科普社会化，扩大服务范围

2.3.1　推进科普产业基础设施建设

目前我国科普基础设施的发展势头良好，正处于新一波建设高潮。调查数据显示，当前我国科普基础设施不论是形态还是规模，都呈现出快速发展态势，公众参与的规模进一步扩大。科技类博物馆（含科技馆）作为城市主要科普基础设施之一，是城市科普服务和科技传播的中心，规模相对比较大，拥有大量科普展教资源，是科普工作的主要阵地。科技类博物馆目前已经形成一个较为合理的传播体系，成为科技工作者、工程师与公众进行平等交流和沟通的平台。据科技部 2010 年的科普统计，截至 2009 年年底，我国拥有各类科技类博物馆 800 余座，已基本形成了包括科技馆、自然科学博物馆、行业科技博物馆（如交通、通信、铁路、地质、农业等）等形式多样、门类齐全的博物馆体系。从分布上看，我国的科普基础设施主要集中在基层，这些基层科普设施量大面广，形式多样、规模小，因地制宜、灵活发展，遍布全国城乡，在基层科普工作中发挥着

"润物细无声"的作用。网络科普设施作为后起之秀，发展迅猛，是科普资源和科普设施建设与发展的新生力量。其他科普设施（如科普教育基地）主要是充分利用社会资源做科普，对科普设施的建设和发展起着重要的辅助和支撑作用[44]。

2.3.2 提升科普传播范围与效率

学会一方面通过科普活动的项目化管理、品牌化发展和产业化运作，实现科普形式呈现多样化、信息化。以社会化的工作方式，吸纳社会资源，共同开展科普工作；健全科普工作激励机制，积极探索将学术交流与科普活动紧密结合的新途径，积极鼓励和引导每位会员，特别是获得各种科技奖励的科学家，每年至少要参加一次科普活动，支持会员开展科普创作活动；推动科普工作队伍建设，发挥科学技术普及工作委员会的作用，强化科技传播能力培训，建立职业化科普队伍，壮大科普志愿者队伍，为会员参与科普活动提供更多的机会和途径。例如，目前的一些典型的科普活动，中央财政 2013 年投入"基层科普行动计划"专项资金 4 亿元，在全国评比表彰 1000 个农村专业技术协会，386 个农村科普示范基地，406 名农村科普带头人，5 个少数民族科普工作队和 500 个科普示范社区，表彰名额共为 2297 个[45]。同时，奖补标准不变，每个农村专业技术协会、农村科普示范基地和科普示范社区奖补 20 万元，每个农村科普带头人奖补 5 万元，每个少数民族科普工作队奖补 50 万元。奖补资金主要用于奖励和补助先进集体和个人购置科普资料和设备，面向基层群众开展培训讲座、展览等科普活动，发放科普宣传资料等科普活动的支出。

另一方面学会通过采用现代传播手段，扩大了科普受众面，增强了科普实效性。从科普载体数量上看，2013 年科技图书、挂图、科技动漫作品种数均有增长，与 2008 年相比分别增长 67.1%、47.8%、246.2%。从科普网站浏览人数看，近年来持续上升，2012 年达到 74 350 万人次。

2.3.3 持续完善科普组织体系

为了更好地开展科普服务，各学会积极增设科普工作委员会或科普部。据调查，2013 年，71% 的学会设立了科普工作委员会，26.8% 的学会设立了科普部。例如，中国流行色协会 2013 年增设了科普部，实现科普部统筹联合培训部、发展部、会员部和趋势研究部等色彩教育专业委员会的多方人力物力，在企业、院校、大众中广泛开展色彩基础知识、色彩心理和色彩搭配等科普活动。

各学会还借助中国科协科普信息化平台、综合性科普平台和社会化科普平台等开展科普活动。在加强科普组织体系建设、加大人力物力投入的同时，通过创建科学传播团队，加强科普专业化队伍建设，参加科普活动的科技人员数量持续快速增长，从 2010 年 27 817 人次增长到 2013 年 202 135 人次，增长 626.7%；参与的高水平专家从 9631 人次增加到 20 364 人次，增长 111.4%。

2.4 参与社会治理，提升服务水平

学会作为科技类社会组织，通过科技工作者建议、针对热点问题举办学说等方式参与国家治理，有助于提升国家社会治理能力现代化水平。政府加快力度推进转变政府职能工作，中央的重大政策和举措的出台，党和国家领导人的批示，都表明了党和政府及社会各方面高度重视科技社团的地位和作用，为科技社团参与社会管理创新，承接政府转移职能指明了方向，提供了良好的机遇[46]。

2.4.1 依托学会带动学科服务产业

在现行社团双重管理体制下，目前由中国科协充当的业务主管单位的全国学会已经超过 200 家，占全国性科技社团的 70%。依托这些学会，科协的服务涉及工业、农业、资源、能源、交通、环境、生态等各个领域，不仅涵盖国家经济社会发展的重要领域和工程项目的决策，而且也深入到自然科学和社会科学的多个领域，内容非常广泛。多年来，各级科协和学会都是紧紧围绕着党的中心工作，发挥学会的智力密集的优势，针对国家科技、经济、社会发展的重大问题，开展多学科综合性的学术活动，把学术研究同决策论证、战略研究以及政策建议都结合在了一起，不仅扩大了学术活动的领域，而且推动了决策的民主化和科学化的发展。科协联系指导的专业学会提供的专业服务，除了理科学会稍少外，工科、农科、医科和交叉学科都开展了大量的科技服务工作，经常是一个科技服务产业有若干个学会能为它提供服务，如参与新材料服务的就有中国化学会、中国化工学会、中国金属学会和中国材料研究学会等。

2.4.2 通过科技咨询繁荣技术市场

科技咨询是科协科技服务业发展重点之一，其实质是组织动员科技工作者围

绕各级党和政府的中心工作，围绕科技发展的体制机制问题、科技支撑引领经济社会发展中的突出问题、当前经济和社会发展的瓶颈问题、密切关系人民群众切身利益的问题等，深入开展调研，形成决策咨询建议，努力为党和政府科学决策提供支撑；开展重点项目论证、工程技术咨询等科技咨询服务，把广大科技工作者的个人智慧凝聚上升为集体智慧。"十二五"期间，科协80.5%的学会开展了科技咨询服务，46.6%的学会设立科技咨询机构，26.8%的学会为国有大中型企业提供过科技咨询服务[47]。2010～2013年，学会共提交科技建议2662份，质量逐年提高。2013年，中国昆虫学会科普工作委员会主任张润志研究员提出的《吉林发现马铃薯甲虫重大入侵生物疫情，建议采取紧急防控措施》建议报告，得到中央领导和有关部门的高度重视并采纳。中国电子学会已撰写《2013年云计算机技术发展报告白皮书》等60余篇研究报告，其中《促进我国企业"走出去"调研》的调研报告获得了有关领导的批示。学会利用专业优势，整合学术资源，针对现实问题，向政府积极建言献策。2013年，学会反映科技工作者建议354个，其中获得上级领导批示的建议52个。获批示比例从2010年的8.9%提高到14.7%。同时，学会积极利用技术优势开展技术咨询服务社会。2011年，完成技术咨询合同255项，合同实现金额2404万元，技术交易额达721万元。

繁荣发展中国技术市场也是科协科技服务业的一项重要内容。科协针对企业开展的科技咨询包括传统的"四技"服务——技术开发、技术转让、技术咨询、技术服务。一些企业科协还开展了"八技"服务——科技咨询、技术开发、技术转让、技术服务、技术培训、技术承包、技术中介、技术入股。2013年4月初，针对三大电信基础运营商试图向腾讯公司的微信业务收费所引发的社会关注，中国计算机学会及时就"微信收费"事件发表声明，从技术上指出三大电信运营商利用垄断地位进行双重收费并旗帜鲜明地给予反对。声明要点在4月7日的《中国青年报》上刊发，在网上引起轰动，新浪、搜狐、人民网、新华网、千龙网等众多网站纷纷转载。《人民日报》官方微博、新华社中国网事官方微博等全文刊载中国计算机学会声明。2013年5月16日，中国产学研合作促进会参与主办的第二届中国濮阳科技成果转化暨产学研合作洽谈会，促成签约合作项目34项，签约金额达36 331万元；支持举办第二届中国海门科技节暨政产学研金合作洽谈会，签约合作项目110项，总投资超过10亿元，通过推进校地对接、校企合作，一批科技成果得到转化和应用。技术服务社会也体现公益性和学会的社会责任。

2.4.3 提供科技评价与认证服务

科学技术人员教育培训、人才评估、绩效考核、法律咨询及相关的科学技术人员评价等工作，也能充分发挥科协组织在社会功能领域方面的作用。在科学技术评价方面，科协组织可以增加评价的公平性、透明度和公信力，保证其科学性、客观性、独立性和公正性。科学技术评价主要是指：按照受托人的目的，根据规定的标准、原则和程序，对科学技术活动成果、机构计划、项目方案以及其他方面，开展检查评估、鉴定评审、验收论证和其他活动。由于科技评价涉及的领域广泛，具有专业性和技术性的要求，学会成为最适合进行科技评价的主体，科技评价等职能成为政府向学会转移的重点。这些科技评价职能主要包括社会力量设奖、科技人才评价等。中国科协的各学会已经逐步承接政府科技评价类职能，据不完全统计，学会近 10 年来颁发奖励 4.9 万余项。实际上，除了科技评价职能外，其他职能也正不断向学会转移，学会承接科技人才、科技成果评价以及技术鉴定等职能工作稳步推进；科研项目评价和机构评价是学会承接政府转移的新兴职能，行业标准和规范制定也呈现出向学会转移的趋势。

近年来，开展科技成果评价和技术鉴定的学会数量有所增加。据初步统计，已有 23 个学会开展了相关工作，各学会共对 800 多个科研成果进行了评价或鉴定，对 1300 多个工程项目进行了评价，对 3000 余篇论文/专著进行了评价、开展技术争议评估与仲裁 98 例、事故鉴定 569 例。例如，中国环境科学学会主动承接政府转移的环境科技成果鉴定职能，获得环保部的认可，通过鉴定的成果被优先推荐申请科技部、环保部科技成果示范和推广计划项目、环境保护科学技术奖评审。中国煤炭学会成立煤矿开采损害技术鉴定委员会，被列为人民法院司法鉴定机构和最高人民法院司法技术专业机构，已完成上百例煤矿开采损害方面的专业鉴定，得到政府、企业和群众的普遍认可。中华医学会、中华口腔医学会等受财政部、卫生部委托，开展了针对"十二五"期间医疗机构临床学科重点项目建设评估任务，对各医院的科室技术水平情况进行评审，通过者可列为国家临床重点专科，并获得国家 500 万元经费支持。中国造船工程学会组织业内单位联合申请国家科研项目，接受政府部门委托监督项目执行过程、评估科研成果。先后实施了三个重大专项，总经费 7 亿多元，国拨经费 2.2 亿元。中国电机工程学会积极介入电力企业安全生产评价，发挥专业优势，联合有关院所成立测评机构，先后完成了 440 余项电力安全评价任务，涉及 400 多个电力企业，累计实现服务收入约 1 亿元，同时实现了社会效益和经济效益。

科协在科技人才评价活动上也形成了一定的规模。2013 年中国科协代表中国正式成为《华盛顿协议》预备成员，成为中国工程教育专业认证工作的一个里程碑。学会参与工程教育专业认证相关工作，承接了 75% 的认证工作。在教育部的支持下，已有 25 个学会参与工程教育认证，承接了 71% 的认证委员会秘书处工作；15 个学会接受委托或自行开展了专业技术资格认证或职称评审工作；6 个学会经人力资源和社会保障部授权开展了职业技能鉴定及培训工作。例如，中国电子学会建立了电子信息行业专业技术资格（职称）认证工作的组织管理体系，在全国 20 余个省市建立了 80 余个认证考试中心。

2.4.4 开展科技奖励和培训服务

科协已经成为我国社会力量设立科技奖励的主体。截至 2013 年年底，学会在国家奖励办登记备案的奖励已经达到 93 项，比 2010 年增加 11 项，占所有登记的社会力量设奖总数的 40.7%。据不完全统计，学会共主办或参与主办 142 项科技奖励，10 年来颁发奖励 4.9 万余项，其中 0.1 万项获得国家奖；表彰奖励 10.5 万人次，学会投入奖金超过 5860 万元。学会同时也注重加强科技奖励管理的规范性和程序性，提高了科技奖励的公信力。有些奖项已经成为业内最高奖励，如中华医学会设立的中华医学科技奖、中国农学会设立的神农中华农业科技奖等。此外，中国造船工程学会、中国土木工程学会等 12 个学会成为国家奖直接推荐单位，占所有国家奖励直推单位的 8.9%[48]。中国电机工程学会推荐优秀成果已经连续 6 年、共获得 17 项国家奖励一等奖及以上级别的奖励。当然，与西方社会组织发达的国家相比，社会力量开展科技奖励工作的发展中仍存在不少问题。中国社会力量在整体上参与科学技术奖励的数量和质量都还不够充分，社会力量奖励的奖项的社会影响力、奖励强度远不如政府奖，有些奖励还得不到政府有关部门认可[49]。

学会还发挥学科与专家优势不断开拓符合社会需求的培训与继续教育项目。2013 年学会举办技术创新方法培训班 110 场次，继续教育培训班 1317 场次，比2012 年增长 5.95%；培训结业人次达到 21 万人，比 2012 年增长 23.6%。

2.5 加强国际合作，拓展服务渠道

科协组织一直是我国民间国际交流合作的重要参与者，近年来各学会以加快经济发展方式为主线，积极搭建形式多样、层次丰富的国际交流平台。

2.5.1 组织国际合作服务学会内外

"十二五"期间，各学会的国际合作项目不断深入，交叉学科类学会在国际合作项目上表现上佳。中国城市科学研究会和中国图书馆学会连续两年均进入前10名，医科类有4家学会进入前10名，如表2-1所示。

表2-1 2012年促成科技合作项目前10名的学会

名称	领域	个数	名称	领域	个数
中国农学会	农科	40	中国文物保护技术协会	工科	2
中国热带作物学会	农科	19	中国心理卫生协会	医科	2
中国水产学会	农科	8	中国药学会	医科	2
中华口腔医学会	医科	5	中国畜牧兽医学会	农科	2
中国岩石力学与工程学会	理科	3	中国航空学会	工科	2
中国汽车工程学会	工科	3	中国造船工程学会	工科	2
中国电工技术学会	工科	3	中国电机工程学会	工科	2
中国可持续发展研究会	其他	2	中国神经科学学会	理科	2

注：中国可持续发展研究会、中国心理卫生协会、中国药学会、中国畜牧兽医学会、中国文物保护技术协会、中国航空学会、中国造船工程学会、中国电机工程学会、中国神经科学学会并列第8，数量已超过10个，因此排名其后的学会未列出

从整体来看，学会国际交流合作在服务会员的同时提升了会员对学会的认同度，增加了学会对非会员单位的吸引力。据调查，2013年，近半数会员对该活动表示满意，如图2-1所示。

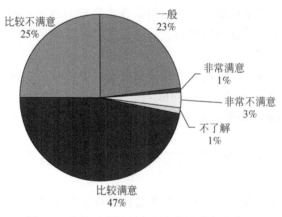

图2-1 会员对国际交流与合作的满意度分析

2.5.2 举办国际展览树立服务品牌

学会开展国际交流与合作的重要形式之一是国际展览会。通过展览平台，组织中外企业界、技术界之间的交流与合作，促进了经贸发展和产业技术进步。中国机械工程学会举办的北京·埃森焊接与切割展览会已成为亚洲第一、世界第二的焊接专业展览会[50]。2013 年中国电子学会与美国共同举办的"第四届中美能效论坛"在华盛顿开幕，会议安排了中美双方三项合作项目的签约仪式，中国电子学会、中国电子技术标准化研究院和美国劳伦斯伯克利国家实验室三方签署了《数据中心能效领域合作备忘录》。中国电子学会与美国数字能效及可持续性解决方案运动联盟双方签署《在电子信息技术促进能源能效领域开展未来合作备忘录》。合作项目的签署促进了电子和 ICT 先进节能减排技术的推广应用，推动了数字能源和节能服务工作开展。由中国电子学会、中美能源合作项目、美国国家标准协会联合举办的中美绿色数据中心研讨会于 2013 年在北京召开。中国电子学会与中美能源合作项目签署了《关于开展中美绿色数据中心合作谅解备忘录》，持续推进中美两国在绿色数据中心领域的技术合作和交流，为绿色数据中心的重点示范工作提供更为切实可行的技术支持。中华预防医学会围绕艾滋病防治领域，2011 年、2012 年连续两年开展中美艾滋病项目、中德艾滋病防治能力建设在线培训项目、全球基金艾滋病项目、美国艾滋病防治基金合作项目。

2.5.3 培育精品科技期刊提升影响力

部分全国学会以中国实施科技期刊精品工程的契机，着力提高了学会学术工作实效，着力营造科技期刊发展政策环境，进一步激发了科技工作者的创造性、积极性，为学会学术工作再上新台阶，实现中国梦、强学会梦作出积极贡献。依托各具特色的学术交流平台，培育形成了一批国际知名的精品科技期刊，吸引了科技工作者参与到不同功能、不同类型、不同层次的学术交流活动，促进了学科间的国家交流，增强了国际话语权和国家软实力。

第3章 国内外推动科技服务业发展的主要模式

在科技服务业运行模式成熟的发达国家和地区，科技服务业已经历了一百多年的历史。而在中国，科技服务业则是一个新兴产业[51]。分析和把握发达国家和地区科技服务业的运行模式，对于加快我国科技服务业追赶世界先进水平，推进科协科技服务业的健康发展，促进科技创新以及科技成果转化，提高国际竞争力都起到十分积极的作用。"他山之石，可以攻玉"，分析和总结发达国家和地区的科技服务业发展模式，构建发挥科协特色专长的科技服务业发展模式，可以有效提高科协科技服务业整体工作效率和服务水平[52]。

3.1 国外组织推动科技服务业发展的主要模式

发展科技服务业对于调结构、稳增长、促融合和引领产业升级具有重要意义，各国政府纷纷通过立法和政策引导和推动科技服务业的发展。美国围绕保障和促进科技服务机构发展建立了完善的法规体系，以专项计划推动科技服务业的发展。日本十年间制定和颁布了多部旨在促进科技中介机构发展的法律，着重构建科技服务业的发展环境[53]。韩国的《科技振兴法》和法国的《创新与科研法》从各自科技发展状况出发，推动企业、政府和科技人员开展科技服务活动。

3.1.1 美国科技服务业发展模式

美国的科技服务业极其发达，科技服务机构种类繁多，组织形式多样，专业化程度高，活动能力强，是典型的注重营造环境间接支持科技服务业的模式[54,55]，有以下主要特征。

1. 立法保护，尤其针对中小企业

美国的《小企业创新研究法》规定，对所有 R&D 经费超过 1 亿美元的政府部门，联邦政府要从它们的 R&D 经费中扣除 1.25% 用于资助小企业进行技术创新。1992 年通过的《小企业促进法》将经费比例从 1.25% 上升到 2.5%[56]，表现出美国政府对于中小企业的政策和资金支持，鼓励中小企业开展技术研究与开发活动。美国联邦政府为了促进中小企业的创新研究计划，依据《技术竞争法》同各州政府合作开展了州政府技术推广计划和联系计划，全面推进中小企业的创新研究工作。这些技术推广计划和联系计划为推动美国整体科技服务机构的发展起着重要的作用。

2. 建立以小企业管理局为主体的网络

美国的科技服务网络主要包括技术转移中心和科技服务中介机构。1989 年，美国政府成立了国家范围的技术转移机构——美国国家技术转移中心（NTTC），旨在提高科研成果商品化的比例[57]。美国科技中介服务机构种类繁多，组织形式多样，专业化程度高，除为技术转化和产业化提供信息、咨询、技术、人才和资金等支撑服务外，还直接参与服务对象的技术创新过程，美国的科技服务中介机构在科技创新中发挥着桥梁和润滑剂的重要作用。美国的科技服务网络的组成形式有以下五种。

（1）官方组织。美国小企业管理局（SBA）的职能是实行各种担保和贷款计划，帮助企业获取资金；设立小企业发展中心（SBDC）、退休工商领袖服务团（SCORE）和商务信息中心（BIC），提供各种信息、咨询和技术服务，帮助小企业获得政府采购合同。其中，小企业发展中心得到政府和各方面高度重视和支持，已形成庞大的全国性网络，共有 57 个州中心和 950 个分中心，成为促进美国科技成果产业化和经济持续增长的重要社会力量。

（2）半官方性质的联盟和协会组织。这类中介机构由政府和民间合作组建，工作重点是帮助新兴高科技企业争取资金、改进管理、寻找商业合作伙伴和推动新科技发明尽快进入市场，以及参与政府科技经济发展规划、措施的策划，负责政府部分科技项目的评审管理工作。

（3）高科技企业孵化器。美国著名的全企网络公司（TEN）就是一个高科技企业孵化器。高科技企业孵化器通过提供全面有效的服务，为高科技企业的成长营造一个良好的环境。它们的服务业务有：出租场地、设备；帮助企业进行资金融通和资金管理；提供企业接待、文秘、复印和传真等办公服务，帮助处理大量文书工作；提供法律、会计等专业服务；提供技术咨询、技术转让和技术指导服务；提供各种最新信息；提供"种子基金"，参股新建企业等。

（4）特定领域的专业服务机构。圣荷西市软件发展中心（SCD）属于这样一种专业服务机构，中心的软件测试设备和工具由 IBM 等大型计算机公司赞助。中心帮助小软件开发企业获得专利、资金，免费提供使用软件测试设备，组织企业主与风险投资家见面并举行有针对性的专题讲座。这些特定领域的专业服务机构可以有针对性地为企业提供更加深入、细致的专业服务，推动企业科技进步与发展。

（5）大学里的技术转移办公室（TLO）。技术转移办公室的主要工作是进行技术转移，将大学的技术成果转移给合适的企业，同时把社会、产业界的需求信息反馈到学校，推动大学与企业的合作。技术转移办公室为科技成果的快速转化提供条件，同时使大学产出的科技成果更具有现实实用性。

（6）科技人才培养。美国重视教育，是世界上教育经费支出最高的国家，教育投入占 GDP 的 6%~8%。美国拥有世界上最发达的高等教育，在世界大学前 100 强排名当中，美国的大学要占到一半以上。此外，广泛接纳全球优秀人才，奠定了其超级大国地位的坚实基础。目前在美留学生大约占全球留学生总数的 1/3，其中约 25% 的外国留学生毕业后选择留在美国。这是美国科技与科技服务业领先于世界的重要原因[58]。

3.1.2 日本科技服务业发展模式

第二次世界大战后的日本通过实施"科学技术创造立国"战略，迅速发展成为世界上仅次于美国的经济科技强国。其中重要的一点是建立了独特的科技服务体系，日本政府对科技服务体系的建设采取了直接的支持方式[59]。

1. 制度及政策鼓励

日本的技术创新政策以政府直接引导和支持某些关键技术领域为特点，公共服务体系旨在为技术创新提供直接的支持和服务。这在其官方的科技中介组织的功能中表现得十分明显。一般来说，官方中介机构的服务是有偿的，但日本政府对国民创业非常重视，给予"创业事业"充分的财政支持。对支付中介费有困难者，可以通过多种形式申请减免或"风险事业融资担保"[60]。

2005 年 4 月，日本科技政策研究所公布了《第三个科学技术基本计划》（五年期）的草案——中期归纳意见，该基本计划规划了日本科技发展的 4 个基础研究重点领域：生命科学、纳米技术与材料、信息通信、环境及复合学科。为了保证计划目标的实现，该计划还通过一些辅助政策，如科技投资政策、项目评审政策、人才政策等来给予保障[61]。

政府的制度及政策鼓励科技服务体系发展，是最直接也是最有效的方法。增加政府对研究开发的投入、促进技术成果的转移、鼓励中小企业的现代化发展，这些政策可以使日本科技服务机构得到长足的发展，有利于本国科技服务机构和科技服务体系的建设。

2. 建立多层面科技服务体系

日本的科技服务组织主要分为两大类：半官方性质的和民间机构，职能各不相同。半官方性质的主要包括日本科学技术振兴事业团和中小企业综合事业团，它们分别接受各自对应省厅即主管部的领导，承担由省厅下达的年度国家攻关任务。在技术中介转让业务方面，科学技术振兴事业团侧重于基础技术，中小企业综合事业团则侧重于对中小企业的扶持。

日本的多层面的科技服务体系主要有以下五个主体：

（1）政府认定的事业法人机构。这些由政府认定的法人，依法承担中央政府或地方政府委托的事业，主要为中小企业提供全方位的事业支援，并承担政府专项拨款的实施和组织有关的资格认证考试，实际上是行使部分政府职能。日本中小企业事业团（特殊法人）、全日本能率联合会（社团法人）、日本科学技术振兴事业团等都是这样的机构。

（2）民间的科技中介机构。民间科技中介机构包括个人独立开业的咨询公司和各类高校、科研单位和企业创办或从中分离出来的机构，主要针对行业内或相关领域提供多层次的科技服务，如（株式会社）NTT 经营研究所、富士通总研究所和大阪的木村经营研究所等。

（3）外资系统和银行系统的大型咨询机构。这些机构有丰富的咨询实践经验和产业经验，一般都有大型财团、金融机构为后盾，主要为政府各部门、大中型事业集团和跨国集团等提供决策、技术、工程和管理等咨询服务。除此之外，还参与国防与尖端技术的开发研究工作，如野村综合研究所、三菱综合研究所等。

（4）科学城、技术城。它们是由日本中央政府、地方政府支持建立的高科技园区，区内大多建有孵化器、技术中心和信息中心。

（5）技术交易市场。由通产省设立，主要利用计算机网络提供技术买卖资料，进行中介服务。

3.1.3 德国科技服务业发展模式

德国对科技服务体系的发展采取了政策引导型支持模式。行业协会和技术转移中心是德国重要的科技中介组织，是科技服务体系主要的执行主体，是使德国科技实力仅次于美、日位居世界第三的一个重要原因。

1. 行业协会

德国的行业协会门类多，涉及行业广，组织体系科学完善，其中更有许多是有几百年发展历史的行业协会，历史悠久，经验丰富。德国的行业协会由三大类系统组成，第一类是"德国雇主协会"；第二类是"德国工业联合会""手工业联合会""交通运输业联合会"以及其他专业协会；第三类是"工商会"。行业协会依靠会费和自身经营来维持和发展，对政府依赖程度小，主要通过法制渠道来影响政府行政部门的决策过程。协会还依法享有直接参与国家有关立法的权利，政府与协会之间的联络透明度大。德国行业协会的中介服务功能十分强大，主要体现在信息、咨询、职业教育三个方面。信息服务是行业协会的一项基本职能，行业协会不仅搜集信息，而且在搜集信息的基础上进行分析、评估，然后提供给企业，作为它们决策的依据。咨询是行业协会提供的另一项服务内容，主要面向广大中小企业，根据会员要求出具鉴定报告，举办专业研究讲座和报告会等。

2. 技术转移中心

技术转移中心是德国的一个全国性组织，原则上德国每个州有一个这样的机构，类似于我国的生产力促进中心。德国的技术转移中心以中小企业作为自己服务的重点，为它们提供技术咨询和科技创新服务、国内外专利信息查询以及申请专利的咨询；为中小企业的技术创新活动提供财政补助，帮助企业从欧盟申请科技创新补助经费和寻找欧盟范围内的合作伙伴；组织学术报告会、技术洽谈会，帮助研究院所、高校、企业的新技术、新产品进入市场[62]。

德国技术转移中心特点有以下三点：

一是高新技术推广，推进技术创新是中心服务重心。德国是全球的重要贸易国。因其劳动力成本较高，德国迫切需要依靠高劳动生产率和高科技含量产品来降低劳动成本。要提高劳动生产率，一般需要较大的设备投入，一个重要的途径就是通过技术创新生产出高科技含量的产品来获得市场。德国的技术转移中心特别重视代表时代特征的信息技术，代表未来时代特征和科技发展方向的生物工程和世界环境相关的绿色能源方面技术咨询和科技创新工作。对开展这方面科技开发的企业，德国政府予以经费和科技人员上的资助[63]。

二是采取多种形式为中小企业服务。德国的技术转移中心免费为企业提供技术咨询和技术中介等为企业服务的工作[64]。其非常重视展览会的组织工作，为支持中小企业到国外参展，政府采取一系列措施，不仅以各州工商协会名义在海外设立办事处，为在海外组织展览会提供方便，还为参展企业提供经济补贴。德国企业参加欧盟组织的展览会，可向欧盟申请财政补贴。这为德国企业进入海外市场创造极为有利条件。

三是互相配合，协同作战，构筑区域性科技创新服务体系为中小企业服务。"技术转移中心""工商协会""创新基地"以及高等院校在为中小企业实现技术创新方面，互相配合，积极做好工作。技术转移中心和大学保持密切联系，使大学、科研院所成果在企业中尽快得到转化。

德国技术转移服务机构主要有：德国技术转移中心、史太白技术转移中心和弗朗霍夫协会。三者在定位和服务侧重点上有明显的层次和分工：德国技术转移中心是国家级的公共技术转移信息平台，提供最基本的技术供需、专利等的信息查询和简单的咨询服务[65]；史太白技术转移中心是完全市场化运作的，并已在国内和国际上建立庞大的分支系统，其服务内容除了有深层次的技术咨询、研究开发、人力培训、国际性技术转移外，还涉及企业管理运营方面的服务；弗朗霍夫协会则是凭借自身的物质基础（实验室、仪器设备等）和高校的人力形成属于自己的研究所，直接为德国各中小企业提供技术创新和研发的服务[66]。

3.1.4 英国科技服务业发展模式

英国的科技服务业基本上是民间组织。英国科技服务公司的主要注册形式是股份有限责任公司、合伙经营和个体经营，这也是英国科技中介机构的主体。英国技术集团科技中介公司就属于股份有限责任公司。大中型科技中介公司一般是注册为有限责任公司，而小型中介机构一般以合伙经营以及个体经营形式注册。

不同的注册形式对应的税收与风险也各不相同。科技中介公司一般是以委托合同、会员制或项目合作等方式开展业务，以提供使用研究、设计、咨询、培训和信息等来提供服务。此外，英国科技中介公司往往分行业以会员制的方式形成一个中间平台机构，共同形成该行业对外联系的整体，促进该行业科技中介事业的发展。一个行业平台机构常常拥有几十个甚至几百个同类公司，可以承担研究开发、工程项目、专业咨询、培训等多方面任务。当然也有少数大公司完全独立经营。

英国政府积极设立政府机构，以大力促进中小企业的发展。在 2000 年，贸工部新成立了一个小企业服务局，这是英国有史以来第一个专门为小企业成立的政府机构。该局在政府各部门间工作，并在英格兰地区设立 45 个分支机构，其主要职能之一就是在政府层面上反馈小企业的需求，并对小企业提供政策、法律、融资和信息等方面的咨询服务[67]。

服务业知识密集型这一趋势集中体现在现代经济对知识的需求越来越大，劳动分工的不断深化导致各种专业化服务日益涌现，并且在知识的积累和转化过程中起着更加突出的作用。对于以知识经济为显著特点的服务经济的蓬勃发展，英国政府给予了高度的重视，在宏观政策方面出台一系列指导性文献。

1993 年，英国政府发表了科技发展白皮书《实现我们的潜能》，在充分阐述科学技术与教育、医疗、环境、社会、经济和文化的关系的基础上，特别强调科学技术在公共服务事业和广大公众生活质量提高中作出应有的贡献。

为了在基础科研方面仍然保持其领先水平，并且在企业技术创新方面取得长足的进步，工党政府于 1998 年 12 月发表了《我们的未来：建立竞争的知识经济》白皮书，强调在当今以知识为动力的经济竞争中，英国企业必须充分利用他国企业难以与其竞争的强项，以高、精、尖取胜，这就是知识、技能和创造力。

2000 年 7 月，英国又发表了《卓越与机遇——面向 21 世纪的科学与创新政策》白皮书，强调通过领先的基础科研和更加富有活力的技术创新使英国在知识经济来临之际，在新一轮世界市场竞争之中占领有利的制高点，进一步提高科技进步对本国经济和社会发展的贡献率。

2001 年 2 月，针对提高国民整体素质和企业创新能力，英国贸易工业部与教育劳动部联合发布名为《在变幻的世界中为全体国民创造机遇》的白皮书。白皮书指出，为了促进和加快发展以知识为基础的服务业，英国政府应在创造持续增长的经济环境、通过税收政策鼓励企业增加研究与开发、增加教育投资，改善基础设施、促进本国企业与国际服务业强手建立伙伴关系等方面发挥明显作用[68]。

3.1.5　韩国科技服务业发展模式

自 20 世纪 80 年代以来，韩国服务业在 GDP 中的比例保持在 50% 的水平。在此期间，科技服务业在韩国得到快速发展，成为促进经济增长的重要力量。韩国发展科技服务业的成功经验，概括起来有如下几点。

1. 积极消除发展障碍

2007 年，韩国政府制定了《增强服务业竞争力综合对策》，吸收了以往的成功经验，加大了政策力度，成为推动服务业全面发展的大纲。该综合对策包括改善服务业经营环境、培育有发展前景的服务业门类以及强化产生赤字部门的竞争力等三大方面。选定 21 个有望成为服务业新增长动力的行业进行重点扶持，包括企业咨询、营销调查等服务业。除加强立法、完善法律和制度环境以及改善人才培养体制外，还按不同行业特点和需求，实行特殊政策倾斜，加速科技服务业在韩国的发展。

2. 加大对科技创新的政策支持

韩国的科技创新体系是"官产学研"结合的体制，即政府、企业、大学、科研机构相互合作。为增强科技服务业的深入发展，韩国政府对鼓励科技创新进行了财政金融政策和法规的制定。韩国于 1966 年制定了《韩国科学技术研究所扶持法》，1972 年制定了《技术开发促进法》，1973 年又制定了《特定研究机构扶持法》，按照这些法律规定，政府直接出资，设立了许多研究所，旨在进行国家重点科研项目的开发与实施。同时，根据上述法规，还形成了一整套促进企业研发投资的政策措施，为鼓励民营企业附设技术研究所提供了制度保障[69]。韩国政府从 9 个方面制定了相关支援制度，以促进科技创新活动：

（1）纳税优惠支援。科技创新活动在韩国可享受 14 项减税免税政策。

（2）经费支援。韩国共制定了十多条科技研发经费补助制度，如特定研究开发事业的研究经费支援、产业技术开发事业的技术开发经费支援、研究成果推广事业的技术开发经费支援等。

（3）销售支援。包括支援中小投资企业的销售渠道、成本核算的研发费用等。

（4）技术信息支援。由韩国科学技术信息研究院、信息通信研究振兴院、中小企业研究院提供信息服务。韩国科学技术信息研究院（KISTI）是国家科技信息领域的专业研究机构，综合收集分析管理科技及其相关产业的情报，专门调研有关情报管理及流通的技术、政策、标准化等[70]。信息通信研究振兴院的 ITFIND（IT 综合情报数据库）主要为信息通信、技术研究、市场分析、政策制定等提供实际研究、产业活动直接需要的专业信息。中小企业研究院可提供的信息服务包括：为企业发展实施综合调查研究，提出政策上的建议；提供信息咨询；与企业合作相关的研究及工作；与企业国际化相关的工作；研究成果的出版及销售。

（5）技术人才培养支援。现在已开展的人才培养项目有：专家制度、理工科研究人才中介事业、中小企业硕士和博士研究人才雇用支援事业、KAIST 的技术经营大学院、海外高级科学头脑邀请事业（Brain-Pool）、韩国生命工程研究院的中小企业技术训练培养支援、信息通信部的情报通信专业人才培养支援事业等。

（6）合作研究促进支援。包括优秀研究中心（SRC/ERC）培育与支援、地区合作研究中心（RRC）培育与支援、产学研共同技术开发联盟支援、产业技术研究组合的成立及支援、韩国生命工程研究院的产学研共同技术开发联盟事业。

（7）中小企业技术支援。国家、各部门的研究机构对中小企业实施技术支援。如韩国科学技术院的中小企业技术支援、韩国院的技术支援、信息通信部的通信优秀新技术指定支援信息通信产业竞争力强化事业等。

（8）技术开发促进支援。包括优秀新技术认证支援、优秀新技术（产品）政府奖励制度、优秀发明展示、韩国产业技术振兴协会的产业技术开发困难申报中心、技术标准园的国际水平产品认证机构（KAS）支援等。

（9）培养研究开发园地支援。包括对企业所属研究所及具有研究开发专门部门的企业的优待、成立产业技术研究园地、在规定区域内推荐设置企业所属研究所、开展企业研究群支援事业。

3. 强化人才战略，重视人才培养

发展生产者服务业的核心是人才，为了促进入力资源的开发，韩国政府1973 年制定了《国家技术资格法》和《技术劳务育成法》，1974 年又制定了《职业培训特别法》。根据法律规定，拥有 500 名员工以上的公司必须对他们的员工进行内部技能培训，充分说明了韩国政府对人才培养的重视。为此建立了专门的研究生院——韩国高等科学院，培养和造就了一批研究开发的先导型人才，促进产学合作，发展科技服务。如为了使韩国成为科技强国，培养能够开发核心技术的世界一流高级人才，在 2005 年，韩国集中投入了 11 840 亿韩元，追加培养 13 万名专业人才，同时对掌握英语和具备国际意识的全球化科学技术专业人才进行培养。为了网罗国际信息技术人才，韩国吸引海外机构在韩设立研发中心。2003 年，韩国投入 132 亿韩元，与美国、日本、中国等 22 个国家进行了150 个国际联合研究项目；韩国在美国、俄罗斯、中国、英国、法国等国家一共设立了 20 个海外合作中心；2004 年上半年又与以色列、德国设立海外合作中心。韩国还尽量创造条件，吸引外国企业和公司在韩国设立研发机构，为韩国带来技术人才和最新信息。

韩国同时实施了人才回归计划，在回国方式上，韩国的政策比较灵活，回国人员在国内工作的时间可长可短，允许永久定居，也可暂时回国，也允许回国后

仍保留外国国籍，对暂时不愿回国的学者，则动员其回国搞短期科研项目，开展各种学术合作，为韩国提供各方面的信息。

3.1.6 新加坡科技服务业发展模式

新加坡借助优越的地理位置，大力发展服务业。新加坡在金融（银行、保险、会计、律师、审计）、交通（快捷的空运、海运和高效的港口）、商业、酒店餐饮等领域发展迅速，被公认为东南亚地区的金融中心、运输中心和国际贸易中心。批发与零售业、商务服务业、交通与通信业、金融服务业是新加坡服务业的四大重头行业[71]。

1959 年以来，新加坡经济结构发生了根本性的变化，从一个以转口贸易为基础的畸形结构转变为一个以制造工业为中心，商业贸易、金融旅游、国际服务业等第全面发展的多元化经济结构。1985 ~ 1986 年，新加坡经济遭受了严重衰退，新加坡政府提出了重点发展国际金融、国际通信和国际服务贸易的产业战略调整新方向，并采取了一系列措施，促进其服务业及科技服务业的发展[72]。

1. 政府主导，积极推动

新加坡政府的主导和推动为现代服务业的发展起到重要的作用。新加坡政府十分重视前瞻性研究，预测改变、与时并进是其治国理念之一。在 20 世纪 80 年代中后期，当新加坡政府预测现代服务业的发展是未来新加坡经济发展的主动力时，就及时调整了经济发展战略，确定优先发展现代服务业[73]。新加坡政府成立了一个服务业总体推进机构，及时监测和解决服务业发展中存在的问题，并通过一系列的产业政策和扶持行为引导和强化现代服务业发展。

2. 注重法律制度软环境建设

良好的外部环境是服务业发展的前提。相较于发达的通信设备、便捷的交通网络等硬件设施环境，法律制度的软环境建设对于现代服务业的发展更为重要[74]。新加坡政府的有效管制和完善的法制建设为新加坡现代科技服务业的发展发挥了基础性作用。为推动服务业的发展，政府逐步放开了对服务业的进入管制，同时为服务业发展设立专门的推进机构，明确监管人不能同时是推进者，以促进公平竞争；同时加强对服务业的监管，统一规则和标准，确保服务质量。制定各种有利于现代服务业发展的政策。例如，规定服务业可与制造业同等享受新兴产业的各种优惠待遇，凡固定资产投资在 200 万新元以上的服务业企业，或营业额在 100 万新元以上的咨询服务、技术指导服务等企业，所得税可减半，并规定对服务贸易出口收益只征收 10% 的所得税。

3. 强有力的人才保障

现代服务业具有高知识性，其发展依赖于大量专门人才的集聚和创新。为此，新加坡政府特设专门负责人力资源培养和开发的"人力 21 指导委员会"，全面推行 21 世纪新教育制度，大力促进国民教育、职业培训和创新思维，并建立终身学习体系。针对服务业发展，新加坡增加大学学历的服务业专业人才培训，同时在服务行业内注重加强在岗培训和继续教育。人才引进是新加坡的国策，不断完善针对外国人的人力资源政策，提供从薪金、居留权、住房、家庭服务、创业就业环境等一系列的优惠政策。新加坡还计划在未来 20 年内，通过大量引进国外人才，将现有人口规模从 490 万人扩大到 700 万人左右，为现代服务业的全球领先发展提供强有力的人才保障。

4. 与时并进 持续创新

新加坡近三十年来现代服务业的飞速发展，与其"与时并进，持续创新"的治国理念密不可分。在 20 世纪八九十年代，新加坡的现代服务业注重高技术化；进入 21 世纪初，注重高知识化；目前，面对信息时代为现代服务业发展带来的全新机遇，新加坡又提出并实施"智慧国 2015 计划"，通过信息化建设对现代服务业进行彻底改造和重新定位，以全面提升包括教育与学习、金融服务、保健与生物医药、政府服务等现代服务业经济领域的发展水平。

3.2 国内组织推动科技服务业发展的主要模式

相对于农业、工业和其他服务行业来说，科技服务业是一个年轻的行业。我国不同层级的组织针对科技服务业开展了不同的活动。国家行政机关制定了完备的科技服务业计划，完善了科技服务业相关的政策法规体系[75]。并且搭建了技术服务平台，促进了科技成果的进一步转化。同时也为中小企业提供了资金支持。事业单位一方面重视单位科技服务业人才队伍的培养，注重事业单位研发和设计服务能力的提升；另一方面也在寻求更大的科技创新和产业的发展空间，加快信息化的建设，带动了中介服务业的发展。社会团体也积极开展相关的科技服务业活动。全国总工会开展职工技术创新和职工技能提升活动，加强劳模工作，开展各类劳动竞赛，并且加强平台建设，推动劳模创新工作室集群化发展。中国人民对外友好协会促成各国学者对学术成果的广泛交流等。

3.2.1 行政机关科技服务业发展模式

国家行政机关是国家权力机关的执行机关，有权制定行政法规，发布决定和命令等，指导所属各部门、下级国家行政机关、企事业单位、社会团体的行政活动[76]。主要包括国务院及其所属各部委各直属机构和办事机构；派驻国外的大使馆、代办处、领事馆和其他办事机构；地方各级人民政府及其所属的各工作部门；地方各级人民政府的派出机关，如专员公署、区公所、街道办事处、驻外地办事处；其他国家行政机关，如海关、商品检验局、劳改局（处）、公安消防队、公安机关、看守所、监狱、基层税务所、财政驻厂员、市场管理所等[77]。

自 1992 年国家科委出台《关于加强发展科技咨询、科技信息和技术服务业意见》，首次提出重点发展科技服务业为主的新型服务行业以来，"科技服务业"一词便越来越多地出现在各种相关的政府文件中，2007 年《国务院关于加快发展服务业的若干意见》明确指出，"大力发展科技服务业，充分发挥科技对服务业发展的支撑和引领作用，鼓励发展专业化的科技研发、技术推广、工业设计和节能服务业"[78]。目前，科技服务业已在全国范围内受到广泛重视，多地都制定出台相关政策文件，一方面促进了行业发展；另一方面又对科技服务业相关信息提出需求[79]。全国各地主要从以下几个方面来促进科技服务业的发展。

1. 完善相关的政策法规体系，推进机制改革

自 1998 年起，北京市政府先后制定了 50 多部扶持科技服务业的政策法规和 20 多项配套政策，如《"科技北京"行动计划（2009~2012 年)》等[80]，制定《北京市科技型中小企业技术创新资金管理办法》等专项资金管理办法，出台《促进中关村科技园区企业信用体系建设的办法》《北京市关于进一步促进大学科技园发展的若干意见》等办法和意见。广东为了加快推进科技服务机构的法制进程建设，出台了加快广东科技服务业产业化发展的配套政策，重点加快科技服务平台建设和体系建设，消除歧视性政策、行政性垄断等不正当竞争；加强了科技服务业规范管理，规范行业和市场秩序，建立科技服务业机构资质认定制度，制定《广东科技服务机构认定和评优办法》，打造科技服务业标杆队伍；并依托行业协会研究制定各类科技服务产品的质量标准和技术标准，开展科技服务业发展预测、预警和评价指标体系研究。上海制定了科学、配套的法律法规，创造了规范的法制环境。针对科技服务业发展的实际需要开创一部囊括科技服务业发展方方面面的、完整的法律，在法律中对政府规制的内容作出明确规定，形成对各行为主体都具有约束力的规制规则，并做好与其他法律的配套工作，通过知识产权来保护科研成果，构建一个完善、精确、可操作性强的法律法规体系[81]。

另外，行政机关要注重机制改革，延伸高校和科研院所的科研服务职能，鼓励各高校和科研院所立足自身学科优势，通过体制机制改革，进一步完善高校和科研院所科研管理机构相关职能，或探索市场化运作模式，在专业技术领域开展科技成果转移与转化，鼓励社会力量兴办各类科技服务机构[82]。江苏积极推进科技服务业体制改革，主要体现在经营方式和投资机制上发生转变，如由财政全额拨款向差额拨款、自收自支和自负盈亏等方式转变。由政府主导投资，向政府和组织、企业或个人联合投资，或企业独资经营等多元化方式逐渐转变。同时，政府要培育与监管并举。一方面通过降低门槛，减少审批，鼓励建立各类科技服务机构；另一方面，进一步完善行业内诚信评价体系，建立相关诚信数据库。

2. 提供经济支持

北京为科技服务业的发展而设立了专项资金，为创新企业提供金融支持和创业投资[83]。对科技中介机构给予无偿资助，如优先采购属于扶持产业的再创新产品；加大了财政对科技的支持力度，进一步强化了金融激励政策的实施，鼓励更多的创业投资机构投资科技服务业[84]。上海市政府加大对科技服务业的财政与税收扶持力度，全面提升现代科技服务业的竞争力。政府建立科技服务业发展的专项基金，出台相关税收激励措施，扩大税收优惠范围，特别是向一些科技服务能力高的中小企业倾斜，对于一些新的科技服务企业可以给予几年的税收减免优惠，并根据技术创新发展的不同阶段实行不同的税收优惠。对技术研究人员也给予一定的税收鼓励政策，降低其所应缴纳的个人所得税，调动其技术研究的积极性。

3. 制订完备的科技服务业计划

香港地区根据市场调研，结合科技服务机构自身条件和优势产业的特点，鼓励企业联合参与，制订行之有效的产业规划，有力促进了科技服务业的发展，如2009年制订的三年产业发展计划大力促进了香港检测及认证产业的发展。广东规划制定紧紧围绕着转变广东经济发展方式、构建现代产业体系、培育战略性新兴产业和促进区域协调发展等核心任务，结合各区域现有产业基础，以广州、深圳为核心，以珠三角、东西两翼、北部山区为三个层面，做好发展科技服务业总体空间规划，并重点发展检验检测、科技服务业外包、科技金融、研发设计和科技成果转化等领域。

4. 重视培育科技服务业从业人员

2010 年北京共有科技活动人员 52 万人，其中 R&D 人员 27 万人，有 R&D 项目总计 9 万多项。政府加大了对高校的投入和支持，与大学共建科技园，并对园内技术创新的相关费用给予补贴。福建加强了人才培养与科技服务业管理。将研发设计、知识产权、检验检测等科技服务人才需求纳入年度紧缺急需人才引进指导目录，对符合目录条件引进的人才，按规定享受相关待遇[85]。将科技服务业纳入全省现代服务业统筹规划，加强跨部门沟通协调机制。上海提出人才战略，制定向现代科技服务专业人才倾斜的政策措施；进一步完善人才政策，建立项目责任制度，实行全员竞争上岗，拉开分配档次；建立健全激励机制，对项目执行好、业绩突出的机构人员根据业绩提高报酬；政府主管部门要支持和维护科技服务机构在内部分配方面的自主权，在建立严格考核和责任制度的前提下充分调动其积极性，以此增强行业的吸引力，吸引更多高素质人才的加入。在此基础上加快培育一批服务专业化程度高、运行规范的骨干科技服务机构，如创业孵化机构、科技信息服务机构、技术贸易机构、知识产权服务机构、科技风险投融资机构等，提高科技服务业的核心竞争能力。

5. 搭建技术服务平台，促进科技成果转化

随着科技与经济融合的需求以及市场环境的进一步改善和优化，民营资本逐步进入科技创新服务市场，创造出越来越多的新型科技服务模式。例如，目前对于科技园区的管理运营就有很多新的模式探索，有的是提供创业孵化以及增值服务等综合服务平台，与企业实现捆绑式发展；有的是行业内的龙头企业在做大主营业务的同时，利用自身产业优势运作主题性产业园区，联动产业链的上下游企业入驻园区，共赢共建，打造真正的产业链集群；还有的提出虚拟园区、智慧园区，打造没有围墙边界限制的园区服务。北京搭建了如"生物医药领域成果转化与承接平台"，汇聚了中外上千项成果，"成果驿站"预计可为北京生物医药产业新增产值 60 亿元。同时加强了高校和科研院所资源整合，如重点打造"大型仪器协作共用"和"首都科技条件平台"等。江苏大力发展了创新创业载体与服务平台建设，促进了科技成果的转化。目前，江苏全省共有软件园、大学科技园、创业服务中心等各类企业孵化器约 80 个，其中有 5 个是国家级大学科技园，并给予孵化器或在园企业提供税收优惠。鼓励高校和企业共建重点实验室、工程技术研究中心、技术产权交易平台和投融资平台等。构建并形成了以市场为

导向、以企业为主体和产学官研相结合的科技创新体系，增强对省级科技计划项目中的重大合作项目，尤其是科研院所、高校和企业共建的产学研联合申报项目的支持力度。福建加大了创业孵化服务支持力度。鼓励孵化器市场化运作，推动"孵化器—加速器—产业园区"科技创业孵化链建设。

6. 区域定位明确，协助落后区域发展

北京市政府把北京 16 个区县分为城市功能拓展区、首都功能核心区、城市发展新区和生态涵养区等 4 个功能区，它们占科技服务业产值比率分别为 68.3%、21.7%、9.3% 和 0.7%，即形成较为稳定的"七二一"格局，根据各区的不同特点，政府采取了不同的政策手段来发展科技服务业。香港政府利用政策和财政手段，为科技发展落后的地区提供援助，如 2010 年实施的"投资研发现金回馈计划"，鼓励科研发达的机构或企业与科技落后的地区建立长期技术合作，对于合作的单位，香港政府给予合作科研经费 10% 的现金支持。

7. 广泛扶持中小企业发展

如香港地区出台《中小企业市场推广基金》《中小企业发展支援基金》等相关政策，为中小企业发展提供各种必要的帮助。广东主要通过四个方面扶持中小企业发展：一是构建中小企业社会化服务体系；二是构建中小企业与科技服务机构双赢的合作机制；三是减轻中小企业负担，清费立税，改革税制；四是拓宽广东中小企业的融资渠道。

8. 鼓励多元化、国际化服务

福建推进科技与金融结合，综合运用科技贷款风险补偿、科技保险费补助、创业投资引导等方式，引导金融机构服务科技型企业发展。上海推出的模式之一是国际化专业运作服务模式。通过完善的组织体系、高端的人才队伍、清晰的奖励制度、纵深的行业服务能力而得到发展，其业务链条往往都比较齐全，实行"一条龙"或"一站式"服务。该模式的特征是：服务提供机构一般是具有国际化人才和商业运作模式的科技服务机构，在某个特定行业领域开展专业化、高端化的科技服务；服务的市场一般不局限于国内市场，通常面对的是一个国际化竞争的市场环境。服务对象的需求个性化明显，服务收益与服务供给有直接的关系，从接受服务中获取最大的直接利润是此类服务的直接经济产出。

3.2.2 事业单位科技服务业发展模式

我国事业单位一般指以增进社会福利，满足社会文化、教育、科学、卫生等方面需要，提供各种社会服务为直接目的的社会组织。事业单位不以营利为直接目的，其工作成果与价值不直接表现或主要不表现为可以估量的物质形态或货币形态[86]。全国事业单位主要从以下几个方面来促进科技服务业的发展。

1. 重视单位科技服务业人才队伍的培养

牢固树立"人才资源是第一资源"的观念，努力营造良好的科技服务创业环境。对于科技服务行业中的优秀人才在工作条件、生活条件上要给予必要的保障，在政策上给予必要的激励，解决他们的后顾之忧，让他们安心工作，全身心投入科技服务工作，充分施展他们的才华。政府要把人才培养作为发展科技服务业的重要内容来抓，要作出周密的安排和规划，制定切实可行的人才培养政策和措施。为科技服务人才创业提供优良的环境。提高科技服务人员物质待遇，完善科技人员基本社会保障制度。

借用"外脑"，多层次、全方位引进国内外优秀科技服务业人才。鼓励有条件的企业申请设立博士后实习基地和博士后科研工作站，培养和造就一批发展科技服务业的复合型人才。吸引曾在国内外科技服务业取得成功经验的人才，特别是中国的香港、澳门地区以及新加坡的科技服务人才来指导工作。建立科技服务业人才库和项目成果库，鼓励留学人员创办科技服务机构。

建立和完善科技服务人员的培训体系，提高科技服务业从业人员的素质。要把培训作为促进科技服务业发展的一项长期性、基础性工作来抓，对从业人员必须掌握的基本知识和技能提出明确要求，根据人员知识结构有针对性地确定培训重点，制订相应的培训计划，并在时间和经费上予以保证。培训内容既要包括法律法规、政策制度、职业道德、行业规范、公共关系以及现代科技、经济发展趋势等方面的综合知识，也要包括企业管理、市场营销、技术创新等方面的专门知识以及科技中介服务的方法、规则、手段等专业技能。

大力兴办职业技能教育，增设科技服务方面的专业，实施高技能人才培养和培训并重的模式。要多渠道筹集资金，增加职业教育经费投入；进一步整合职业教育资源，改善技工学校教学条件；调整职业教育的目标和方向，增设科技服务方面的专业；设立政府技能人才奖励基金，完善技能人才激励政策等多种举措；充分发挥高等职业院校和高级技工学校、技师学院的培训基地作用，扩大培训规模，提高培训质量。

建立科技服务业从业人员的市场准入制度。逐步推进职业资格证书制度，建立科技服务业职业资格标准体系，使科技服务业走上职业化、专业化的发展道路。政府部门要对科技服务机构从业人员进行岗位技能培训和考核，进行资质认证[87]。

2. 释放事业单位主体活力

国务院常务会提出的支持合伙制、有限合伙制等科技服务企业发展举措，有利于进一步激发广大科技人员的积极性，充分释放科研院所、高等学校、企业及科研人员等创新主体的活力，让一切劳动、知识、技术、管理、资本的活力竞相迸发，形成全社会参与和支持科技创新的良好局面[88]。

3. 注重事业单位研发和设计服务

进入21世纪，随着知识经济的到来，社会分工进一步深化，大量科技服务活动从传统生产与科研活动中独立出来，催生了两类新兴科技服务产业：一类是创新性科技服务业，另一类是基础性科技服务业。

针对我国科技服务层次较低、同质化现象严重的问题，需要深化服务内涵、提升服务质量、拓展服务范围，推动科技服务朝专业化、差异化、国际化方向发展，重点是建立行业协会或产业协会，推动行业自律；制定科技服务业标准，规范服务流程；建立科技服务业准入制度和从业人员资质认定制度；建立职业培训制度，推动高等学校开设相关课程、开展专业培训；成批引进海外高层次科技服务人才回国服务，聘请国外高层次科技服务人才来华讲学或在我国科技服务机构中任职。

创新性科技服务业是指把研发、设计等活动作为服务内容的产业。一方面，创新活动从科研活动中分化出来，高校与科研院所（及其科研人员）面向市场建立专门的研发或设计服务企业（也称之为新型研发组织），提供创新服务；另一方面，研发和设计业务逐步从生产企业中独立出来，成为企业法人，专门从事市场化的研发、设计服务。例如，重庆重型汽车研究所自2001年转制为科技型企业开始，在整车、动力总成、电子系统、新材料、电动汽车、燃气汽车等领域，面向市场开展技术研发、创意设计、样品验证、测试评价和质量检验等专业服务，产生了巨大经济效益，整体变更为中国汽车工程研究院股份有限公司，在上海证券交易所上市，实现了从科研院所到上市公司的蜕变[89]。

支持大学、科研院所面向企业承接横向研发合同，横向课题收入按复杂劳动和知识产权分配；引导大学、科研院所与企业共同创办研究院、设计院；鼓励大学、科研院所和科研人员创办研究型、设计型企业；除研究型大学外，应大力发展为企业服务的创新型大学、技能型大学。

4. 科技创新和产业发展上升空间大

从技术转移来看，所有高校和科研院所里的技术在市场化的过程中，最大的障碍就是"国有资产转移"的障碍。在新的形势下，必须从体制机制突破来扫除这个障碍，呼吁对高校和科研院所的资产进行"智慧型资产管理"。要充分认识到，这部分资产如果不尽快转移到市场中去，将随着时间流逝成为贬值品。因此，需要从顶层设计上改变观念，强化科技服务体系的支撑作用，尽快促成"智慧型资产"的产业化和价值放大。

从科技服务体系的搭建来看，要认识到原有的高校、科研院所对接单个企业的形式存在弊端。因为当前多地科技服务业的业态还不够健全，除了体制羁绊外，很多中间环节存在断链，需求与供给不能充分匹配，技术评估、分析测试、研发设备使用等都存在信息不对称的情况。知识产权等环节还处在浅层次服务阶段，没有建立完善的针对性的数据库，不能有效地支持企业在研发、专利申请等环节做到避开风险，且充分保护自己的科研成果。此外，科技服务业的人才体系还不够健全，学科设置存在问题。

5. 信息化程度不断提高

随着4G网络、物联网等技术的发展，健康服务业与信息技术融合发展的趋势逐渐显现，涌现了一批从事软件开发、物联网、信息技术服务的医疗信息化服务企业。2013年杭州市健康服务业中信息软件企业实现营业收入13.69亿元，占规模以上健康服务业（不包含批发零售企业）的比例为21.3%。创业软件股份有限公司、杭州医惠科技有限公司等公司在资产规模、经营水平、行业地位等方面都处于全国领先地位，在医疗卫生行业软件开发、数字卫生、智慧医疗信息化应用等领域取得了良好的成绩，对全市乃至全国的医疗信息化起到了巨大的推动作用。

智慧医疗进程蓬勃发展。杭州市属医院推出市民卡"智慧医疗"服务以来，市民就医的方便快捷程度大大提高，持市民卡看病的人群中，智慧医疗的平均使用率已经达到37%。同时120急救中心4G智慧医疗项目，打造急救绿色通道；邵逸夫远程医疗系统，实现远程音视频诊疗；浙江大学医学院附属第二医院推出智慧医疗项目，轻松挂号、精准护理等都促进杭州市智慧医疗的进程。

6. 科技服务业对中介服务业的带动

科技服务业对中介服务业有着较强带动作用。例如，杭州联合科技部门促进中介服务业发展，围绕区域创新体系建设，大力扶持、培育和引进骨干科技中介机构。

一是促进科技企业孵化器健康发展，在孵化器建设资金、种子资金和科技中小企业扶持资金等方面加强服务、组织引导，在培育科技型初创企业、科技企业家、转化科技成果和发展高新技术产业方面发挥了较好作用。

二是加强公共科技服务平台建设，整合现有存量资源，建设公共科技基础条件平台和专业（行业）科技创新服务平台12个，为广大企业和有关行业提供技术培训、产品设计、咨询、信息检索、成果转化等各类科技服务。

三是开展网上技术市场和科技合作周活动，创建科技成果和创业资本超市，为企业搭建一个开放的、共享的"管产学研金"科技合作大平台，为杭州带来巨大的人才流、信息流、技术流和资金流，促进企业与高校、科研院所进行有效对接，团队式引进人才，捆绑式开发项目，从高层次改善杭州的创新能力和发展环境。

四是充分发挥生产力促进中心的作用，整合科技、资本、人才、知识信息等知识经济时代生产力要素，构建杭州市中小企业技术创新网、杭州市创业联合投资协作网等服务平台，主动为企业提供科技中介服务、风险投资咨询、信息技术推广、企业管理和政策咨询等专业服务。这些举措的推出和实施，极大地推动了该市科技中介服务企业（机构）的发展，发挥了科技中介服务作用，使科技创新服务平台成为杭州中介服务业的一大特色。

3.2.3 社会团体科技服务业发展模式

社会团体是当代中国政治生活的重要组成部分，因此在某种程度上都带有准官方性质。中国有全国性社会团体近2000个。其中使用行政编制或事业编制，由国家财政拨款的社会团体约200个[90]。以下就对开展了与科技服务业相关活动的几个主要社会团体进行说明。

中华全国总工会为中华人民共和国境内各级地方工会和产业工会的领导机关，其下有31个省级总工会和多个全国性产业工会总会，是参加中国人民政治协商会议的人民团体之一，是免于在民政部登记的社会团体。中华全国总工会按照《国务院办公厅关于强化企业技术创新主体地位全面提升企业创新能力的意见》（国办发〔2013〕8 号）和《贯彻落实国办 8 号文件推进企业技术创新工作重点任务》的要求，主要在以下三个方面开展工作：一是广泛开展职工技术创新和职工技能提升活动，促进企业提高自主创新能力；二是加强劳模工作，开展劳动竞赛；三是加强平台建设，推动劳模创新工作室集群化发展。

中国人民对外友好协会（以下简称对外友协）是中华人民共和国从事民间外交工作的全国性人民团体，它以增进人民友谊、推动国际合作、维护世界和平、促进共同发展为宗旨。在推动民间外交发展上发挥引领作用，在开展公共外交上发挥骨干作用，在促进中外地方政府合作上发挥桥梁作用。受中国政府委托，对外友协负责协调管理中国国际友好城市工作。经过 40 多年的发展，中国已经与世界上 133 个国家建立了 2016 对友好省州、城市关系。对外友协陆续创立了中国国际友好城市大会、中美省州长论坛、中国长江流域与俄罗斯伏尔加河流域地方领导人座谈会、中日省长知事论坛、中法地方政府合作高层论坛、中非地方政府合作论坛、金砖国家友好城市暨地方政府论坛等双边或多边地方政府对话交流平台[91]。对外友好协会业也成立了"全球 CEO 委员会"，促进以交朋友、谈合作、促和平、谋发展为宗旨的对话交流，通过每年一次的圆桌峰会座谈交流机制，达到增进全球 CEO 沟通了解、促进合作共赢的目的[92]。

中国侨联成立于 1956 年 10 月 12 日，其在开展科技服务业相关活动上主要包括三个方面。一是引导广大侨商积极参与地方招商引资活动。以科学发展为主题，以加快转变经济发展方式为主线，充分运用国内海外两个平台，组织引导广大归侨侨眷、海外侨胞关心、参与和支持祖国现代化建设。二是引进高端人才。积极配合"千人计划"等政策举措，建立侨界人才数据库，构建人才联系网络，引导海外高层次人才回国（来华）创新创业。三是加强联系和交流，协助政府拓展开放型经济的深度和广度。依托世界华商大会等国际经贸活动，加强与海外华人社团、港澳台工商界、国内企业的联系交流，帮助国内企业规避各种贸易壁垒和风险，提高了国际化经营能力，为促进国内企业走出去发挥独特作用。

3.3 国内外组织科技服务业发展模式的经验借鉴

总结国内外组织推动科技服务业发展的主要模式得到以下几点：

一是美国科技服务业领先于世界的重要原因之一是重视教育，重视科技人才培养服务。五年来，中国科协全力服务于全国社会经济发展，抓重点服务广大科技工作者，工作成效明显。本书将结合美国科技服务业发展模式，探讨进一步整合科协资源，继续推广院士专家工作站，深化"金桥工程"建设，探索海外人才培养计划，注重创新型人才和创业者的服务，完善科技工作者服务体系。

二是创新源于共享和交流。事业单位科技服务业发展重视中介服务业的发展，积极开展创新交流活动，搭建开放、共享的"管产学研金"科技合作大平台，促进企业与高校、科研院所进行有效对接，团队式引进人才，捆绑式开发项目，营造良好的发展环境。大数据时代，移动互联网、物联网、云计算等技术快速发展，为人们从大数据中筛选信息、洞察世界提供了新的可能。科协要高度重视大数据技术的发展和应用，积极把握和应对新科技革命与全球产业变革的新机遇、新挑战，运用大数据服务于创新科技资源的开发模式，加强科技资源共享平台的建设，优化协同创新的发展环境，着力培养高科技创新人才，提升科技信息管理的战略性、协同性、预测性和社会性[93]。

三是构建中小企业与科技服务机构双赢的合作机制。在资本市场上，小企业不规范程度高，在融资申请时难以达到要求，但小企业的融资需求又是很大的，两者是矛盾的，所以资本市场要包容中小企业的不规范。中小企业要想办法利用外部资金筹资，最关键的难点在于资本体系不健全和中小企业本身缺乏信息和信用，信息不对称造成的逆向选择和道德风险问题。

国内外组织科技服务业发展模式统计表如表 3-1 所示。

表 3-1　国内外组织科技服务业发展模式统计表

项目	美国	日本	德国	英国	韩国	新加坡	行政机关	事业单位	社会团体
搭建共享平台	√	√	√	√	√		√	√	√
重视人才服务	√	√			√	√	√	√	
服务于制造业						√			
新兴融资渠道	√	√			√		√		

第4章 科协发展科技服务业的总体要求

2015 年是中国科协"十二五"规划收官之年，也是全面深化改革的关键一年，应从服务创新驱动的视角，研究科协科技服务业当前面临的机遇和挑战、未来发展目标和发展模式，为科学制定科协中长期规划提供支撑。

4.1 发展思路

以邓小平理论、"三个代表"重要思想、科学发展观为指导，深入贯彻落实党的十八大和十八届三中、四中全会精神以及习近平总书记系列重要讲话精神，调动广大科技工作者参与科技服务业的积极性，按照需求导向、人才为先、遵循规律和全面创新的总体思路，充分挖掘科协在人才、组织和技术信息等方面的资源优势，充分发挥科协联系党、政府和广大科技工作者的桥梁与纽带作用，以营造良好科技服务业发展环境为目标，以激发科协组织创新潜力为主线，以各地科协和各级学会的科技资源为载体，有效整合资源，集成落实政策，完善服务模式，培育创新文化，为服务创新驱动发展和建设创新型国家提供重要保障。

4.2 基本原则

坚持创新驱动。充分应用现代信息和网络技术，有效集成科技服务资源，构建大数据资源共享平台。创新科普传播模式，积极发展新型科技服务业态。持续推进创新驱动助力工程。

加强政策集成。有效承接政府职能转移，加大简政放权力度，优化市场环境，充分发挥市场配置资源的决定性作用。

体现开放共享。充分运用互联网和开源技术，构建开放创新创业平台，促进更多创业者加入和集聚；加强跨区域、跨国技术转移，整合利用全球创新资源；推动产学研协同创新，促进科技资源开放共享。

重视人才培养。积极利用各类人才计划，引进和培养科技服务高端人才，服务创新驱动发展。依托科协组织、学会，开展科技服务人才专业培训。

4.3　重点任务

按照《中共中央关于全面深化改革若干重大问题的决定》《中共中央、国务院关于深化科技体制改革加快国家创新体系建设的意见》《国务院关于加快科技服务业发展的若干意见》等文件精神[94]，秉承中国科协多年来的优良传统，发挥各级科协组织及所属学会的科技资源和人才优势，本书梳理出中国科协发挥其科技服务能力和创新能力的重点任务。

4.3.1　研究开发服务

促进科技信息资源的利用，完善科技资源开发利用体系。促进各组织工作人员借助大量的数据挖掘技术对科技信息资源进行挖掘。运用云计算构建科技资源共享平台。针对不同类型自发的产学研合作网络或产业研发联盟，要配合政府加强投融资机制创新。

4.3.2　技术转移服务

把握技术转移逐步形成产业的契机，继续打造"千会万企金桥工程"品牌项目，促进我国技术产权交易所和市场的健康发展。用 3～5 年的时间，组织1000 个以上的学会，与 1 万家以上的企业开展合作，实现新增产值 1 万亿元以上，切实通过技术合作、成果转化等方式提升学会服务能力和企业创新能力[95]。丰富项目资源和网络体系，扩大"种子资金"申报范围和资助力度，加大"金桥工程"表彰资助力度。加强示范基地（项目）和合作基地建设，培育和扶持一批自主创新优质项目向国际推广。

4.3.3　检验检测认证服务

建立中国科协科技评价中心，开展对我国重大科技战略决策、科技专项战略评估；加强与政府有关机构特别是科技部、教育部、人社部、国标委、财政部、国家发改委等综合部门的合作，对相关专职人员和评估专家进行培训；充分发挥中国科协的人力资源优势，加强对制造业信息化建设的指导，提供及时的科技咨询。鼓励地方科协、各级学会组织开展第三方检验检测认证、技术标准研制与应用、相关信息咨询等服务发展，协助各级政府和行业协会完善行业质量管理标准体系。大力支持检验检测认证机构与行政部门脱钩，由科协和学会为承接主体，配合行业协会和龙头企业进行转企改制，加快推进跨部门、跨行业、跨层级整合与并购重组，培育一批技术能力强、服务水平高、规模效益好的检验检测认证集团。

4.3.4 创业孵化服务

以我国人才强国战略为核心理念，开发利用海外智力储备，搭建海外智力回国创业的孵化平台。支持地方科协和各级学会自主开展海智计划项目，探索启动海外人才离岸创业工程，探索形成更加灵活、更加方便、更高水平的海外人才回国或来华创业的新模式。总结创客空间、创业咖啡、创新工场等新型孵化模式的科技服务功能，吸纳新型创新主体作为科协的会员单位，成立专门的职能机构来管理它们的创业活动，挖掘它们的创新潜力。发挥科协的人才资源优势，组织科协会员单位负责人、优秀企业家、天使投资人、海归人才、两院院士成立创新创业导师团，与众创空间共同搭建创新创业交流平台。

4.3.5 知识产权服务

通过开展知识产权战略巡讲、推广国际先进技术创新方法和先进专利技术。各地科协和各级学会面向企业一线科技人员开展有针对性、重实效的科技培训和服务活动，提高企业一线科技人员的创新思维和技术创新能力，帮助企业培养优秀创新工程师队伍；提升企业自主创新能力，促进企业产生一批拥有自主知识产权的专利技术；建立知识产权信息服务平台，提升产业创新能力。

4.3.6 科技咨询服务

围绕科技发展与应用中的重大问题开展决策咨询，及时发挥学科进展的重大成果，对科技改变生活的基本趋势和潜在的突破作出判断，并为制定实施符合国情的科技政策提供决策参考。组织地方科协、各级学会和科技中介服务机构，推动高新技术企业、高新技术产业园区、经济开发区等建立院士专家工作站，为企业提供集成化的工程技术解决方案，重点围绕企业重大项目需求和技术创新难题，开展联合研发和攻关；依托全国学会行业专家资源，加强调研，梳理产业技术创新共性需求，组建跨行业、跨学科、跨地区的科技专家服务中心，有针对性地解决企业延续性技术创新难题，培养行业企业科技专家，带技术和成果深入企业一线，加快现有先进技术成果的推广应用。积极应用大数据、云计算、物联网等现代信息技术，挖掘数据开发信息资源，创新服务模式，搭建网络化、集成化资源共享平台和科技咨询服务平台。

4.3.7 科技金融服务

充分利用科协各类科技人员智力密集、人才荟萃的优势，促进科技和金融结合试点，探索发展新型科技金融服务组织和服务模式，建立适应创新链需求的科技金融服务体系。科协投资应当以"价值投资，服务增值"为核心理念，依托地方高新技术企业的股东优势，开展直接股权投资、资本市场投资、风险投资等，逐步发展产业投资基金和投资银行业务。科协投资以市场为导向，探索和完善投融资担保机制和管理机制，建立健全投资决策程序和风险控制体系，破解科技型中小微企业融资难问题，最终实现社会、企业和投资者多方共赢。

4.3.8 科学技术普及服务

依托国家级科技思想库，提升各省市科协的科技服务工作能力和成效，跟踪国外的最新科技动态，服务社会各界与企事业单位决策者，扩大科技思想库的边界，以扎实有效的科技思想库建设带动科协事业创新发展。优化科普平台服务功能和科技规划咨询功能，推广"互联网+科协"新兴科普模式，确保平台的科学性、时效性、原创性、互动性和无疆界性；大力整合科普资源，建立区域合作机制，逐渐形成全国范围内科普资源互通共享的格局；运用各类媒体资源创新科普传播渠道，加大科技传播力度；加大产品研发力度，建立移动科普信息平台、开发科普 APP 和电子版科技期刊等，开展增值服务。

4.3.9 综合科技服务

将科协各个方面专业科技服务的创新服务能力进行集成化总包，在总体层面统一调配科协资源，扩大综合科技服务优势，在产业全链条的高科技含量环节上集成创新，在产业集群和区域发展过程中打造科协科技服务品牌。到 2020 年，形成中国科协科技创新的链条式服务体系；促进科技服务能力、科技服务市场化水平和国际竞争力的大幅提升；培育中国科协知名品牌；发展新型服务业态，推动科技服务产业集群的形成；提升中国科协科技服务产业规模，使其占全国规模的百分比提升 10 个百分点以上；促进科技与经济的完美结合。

4.4　理论前沿

随着互联网、物联网、云计算等技术的发展，科技服务业发展面临的社会背景和技术背景更加复杂，我国陆续提出要大力发展互联网+、工业 4.0、众创空间等，旨在刺激科技服务业的发展，将新技术、新理念等贯穿到科技服务业发展中去。中国科协如果要发挥对科技服务业的引导作用，就要积极的在工作中引入理论前沿知识，将理论与实践相结合，检验可行的理论方案，以全新的理念来发展科技服务业，开展各项工作，承接不同职能。

4.4.1　大数据和云计算

随着移动互联网、物联网、云计算等技术的快速发展，数据量正在呈指数级增长，云计算的诞生让人们步入大数据时代。云计算是一种在互联网时代应运而生的新兴的网络技术，具有高效率、高容量、动态处理的特点，在社会的商业领域和科研领域表现出相当高的应用价值。将云计算应用于数据挖掘平台的构架之中后，将能在很大程度上为现代社会中海量的数据挖掘提供一个高效率的技术平台[96]。而且云计算的应用，使应用系统共享硬件资源成为可能，对于传统企业而言，使用云计算技术能够降低成本，简化应用部署，这为人们从大数据中筛选信息、洞察世界提供了新的可能。大数据已经开始向各行业渗透，颠覆了传统管理和运营思维。互联网的广泛普及，也为人们带来了大量的数据，包括新闻、微博、搜索、购物等网络数据，时间和位置数据、文本数据、RFID 数据、传感器数据、车载信息服务数据、遥测数据、视频监控数据，社交通信数据等，人们已经进入大数据时代[97]。

4.4.2　互联网+

中国互联网络信息中心第 34 次《中国互联网络发展状况统计报告》中的数据显示，截至 2014 年 6 月，我国网民规模已达 6.2 亿人，互联网普及率为46.9%；我国手机网民规模达 5.27 亿人，网民中使用手机上网的人群占比由

2012 年年底的 74.5% 提升至 83.4%[98]。可见现今互联网在整个国民经济中的重要性，互联网+已经成为我国各产业发展的趋势。十二届全国人大三次会议上，国务院总理李克强在政府工作报告中三次提及互联网发展，并首次提出要制订互联网+行动计划，推动移动互联网、云计算、大数据、物联网等与现代制造业结合，促进电子商务、工业互联网和互联网金融健康发展[99]。互联网+是创新 2.0 下的互联网发展的新业态，是知识社会创新 2.0 推动下的互联网形态演进及其催生的经济社会发展新形态，其本质是传统产业的在线化、数据化。网络零售、在线批发、跨境电商、快的打车、淘点点所做的工作分享都是努力实现交易的在线化。互联网+行动计划本身定位跨界融合，必然会对一些行业固有的商业模式造成影响甚至颠覆，如何运用好互联网+工具，如何开放合作，如何保障信息安全，如何创新思维等，需要政府部门和产业链各方深思。

4.4.3　工业 4.0

"工业 4.0"概念包含了由集中式控制向分散式增强型控制的基本模式转变，目标是建立一个高度灵活的个性化和数字化的产品与服务的生产模式。在这种模式中，传统的行业界限将消失，并会产生各种新的活动领域和合作形式。创造新价值的过程正在发生改变，产业链分工将被重组。工业 4.0 是德国政府提出的一个高科技战略计划，本质目的是为提升制造业的智能化水平，建立具有适应性、资源效率及人因工程学的智慧工厂，在商业流程及价值流程中整合客户及商业伙伴。其技术基础是网络实体系统及物联网。随着工业 4.0 的浪潮扑面而来，面临人口红利消失和经济增速换挡的新常态，中国经济增长方式需要跃迁到一个全新的增长范式，才能推动中国制造业特别是传统制造业获得新生[100]。

4.4.4　众创空间

2015 年 1 月 28 日国务院常务会议指出，顺应网络时代推动大众创业、万众创新的形势，构建"众创空间"等服务平台，以此激发群众的创造活力，培养各类青年创新人才和创新团队。"众创"主要包括两层含义。一是万众创新，使大众群体通过现代化网络平台互相交流沟通，碰撞思想，形成最终的创新成果。这是创新网络合作边界越来越大以及开放式创新理论发展深化的结果。二是大众创业，指产业化创新成果，也就是创业者对自己拥有的资源进行优化整合，从而创造出更大经济或社会价值的过程[101]。众创空间是实现万众创新，大众创业的平台，指在创客空间、创新工场等孵化模式的基础上，通过将其市场化、专业化、集成化、网络化，从而实现创新与创业、孵化和投资、线上和线下的结合。其最主要的特征是开放，既能为创业者提供空间和投资来源，也为他们提供了交流沟通的平台，让创新创业者能充分发挥其能力，为社会创新和进步作出贡献[102]。

第5章 基于现代科技服务体系的重大工程

针对研究开发、技术转移、检验检测认证、创业孵化、知识产权、科技咨询、科技金融、科学技术普及等专业科技服务和综合科技服务领域，结合国际科技服务业的发展经验和我国社会经济发展现状，因地制宜地提出科协科技服务业中长期建设的重大工程，发挥科协对于我国科技服务业可持续发展的促进和指导作用。

5.1 搭建科协组织大数据资源共享平台

科协要高度重视大数据技术的发展和应用，积极把握和应对新科技革命与全球产业变革的新机遇、新挑战，坚持科技思维，运用大数据服务于创新科技资源的开发模式，加强科技资源共享平台的建设，优化协同创新的发展环境，着力培养高科技创新人才，提升科技信息管理的战略性、协同性、预测性和社会性[103]。

5.1.1 利用数据挖掘开发科技信息资源

科技信息资源是记载科学技术活动或科技知识的信息载体，是记录和传播科技信息的主要手段，是科学技术再发展的重要基础。2014年10月9日，国务院印发了《关于加快科技服务业发展的若干意见》。该意见重点任务第六条指出要加强科技信息资源的市场化开发利用，政府已把对科技信息资源的市场化开发利用提上日程[104]。电子资源的积累、智能手机的普及、云计算和高速网络等信息技术的发展，为信息文献资源提供了广泛的数据来源，让科技信息资源的开发挖掘更具挑战性。

一方面，科协要促进各组织工作人员借助大量的数据挖掘技术对科技信息资源进行挖掘。例如，根据市场对某些信息间关联程度的需求，工作人员可采用分类或预测模型发现、数据总结、聚类、关联规则发现、序列模式发现、依赖关系或依赖模型发现、异常和趋势发现等大数据技术对科技信息资源进行分析；根据市场对不同内容的科技信息资源的需要，可采用关系数据库、面向对象数据库、空间数据库、时态数据库、文本数据源、多媒体数据库、异质数据库、遗产数据库以及环球网 Web 等技术对科技信息资源进行分析。

数据挖掘人员要选择合适的数据挖掘算法，一定要能够应付大数据的量，同时还必须具有很高的处理速度。另外，要注重利用数据挖掘技术进行预测性分析，预测性分析可以让工作人员根据图像化分析和数据挖掘的结果作出一些前瞻性判断。最后要进行科学的数据质量监控和数据管理，工作人员要通过标准化流程和机器对数据进行处理，保证数据的质量。

另一方面，科协要促进科技信息资源的利用，完善科技资源开发利用体系。在市场经济条件下，海量科技信息资源的开发与利用是一个可持续的循环体，开发服务于利用，利用作用于开发。科技信息资源只有在不断地利用中，才能体现它的价值。同样，科技信息资源只有经过科技信息工作者不断的开发、深加工、处理、分析，才能使之真正的价值得以体现。因此，探索、制定出一套完整的符合市场经济体制的科技信息资源开发利用体系是一项紧迫的工作。

基于数据挖掘的农业决策——以石家庄为例

石家庄政府出台了鼓励企业技术创新的十条措施，把加强农业科技创新服务作为公共科技服务的重点，重视并开展农业大数据研究与开发服务，在搜集、存储气象、土地、水利、农资、农业科研成果、农业生产发展情况、农机装备、病虫害防治、生态环境、农产品加工、食品安全、公共卫生、市场供求、涉农经济主体的投资信息、专利信息、进出口信息、媒体信息、地理坐标信息、动态数据及生物信息学研究等诸多环节大数据的基础上，通过对大数据的专业化处理和分析挖掘，为涉农企业和各级政府发展现代农业的宏观决策提供全方位应用数据支持与有力的科技支撑[105]。

利用大数据共享和分析的信息化手段，促进科技成果转化是解决目前虽有大量的科技成果产出但科技成果转化效率较低的一种方式[106]。构建大数据科技成果转化平台，一方面可以提高科技成果转化效率、加快科技发展速度，另一方面也可促进第三产业及科技服务业的发展壮大，加快经济结构转型，为实施创新驱动发展战略起到积极作用。因此，建立大数据科技成果转化平台是十分必要的[107]。目前，我国在科技转化方面，存在科技成果转化方式比例失调、科技成果转化双方缺乏积极性、促进成果转化的服务不到位等问题。科技成果转化可以

通过技术交易、企业自主研发及产学研结合等多种方式完成，但目前科技成果转化主要是企业自主研发内部完成消化，通过技术交易或产学研结合的方式较少，转化方式单一，导致众多科技成果滞留在科研院所或高等院校里，造成了科技成果的浪费。而且由于科技成果供给方和转化方在技术方面的认识不能达到统一，致使转化方不能很好地挖掘该成果的精髓，从而降低了技术成果供给双方的转化热情[108]。另外从科技管理、科技评价、利益分配、资源配置、保障体系等方面还存在着科研选题没有真正立足于经济社会发展需要，重视科技成果的技术水平价值而忽略其市场价值，科研人员与科技成果转化者风险不对等问题。

天津市科技成果转化平台建设

目前，天津市的科技成果转化平台建设基础较好，截至 2013 年年末，天津市有国家级重点实验室 9 个、国家部委级重点实验室 45 个、国家级工程（技术）研究中心 35 个、国家级科技产业化基地 26 个，以及天河一号超级计算机系统，并且在地区间联合建立了区域合作机制，实现科技成果资源的相互开放和共享，加快科技成果向现实生产力转化。

所以，科协要在大数据的大背景下，运用数据挖掘技术，实现科学成果的定制化服务，建立集科技成果定制、科技成果展示、技术评估、成果交易、科技金融、创业服务等功能于一体的大数据平台，改造提升现有网上技术市场功能。平台的建设可分为大数据处理系统和综合评价服务对接系统两方面内容。其中，大数据处理系统，主要进行科技成果产出和需求数据的收集和分析。综合评价服务对接系统要以专业的科技咨询服务人员为骨干，组织科技成果供需定制服务，完成科技成果供需主体的对接，并进行绩效跟踪和评价工作。

5.1.2 运用云计算构建科技资源共享平台

长期以来，我国已经积累了较为丰富的科技资源，但大多数科技资源局限于本部门、本单位使用，甚至个人使用，造成了科技资源的巨大浪费。我国科技资源超过 70% 的部分是集中分布在重点高校和中央属科研机构，这样能直接产生经济效益的企业组织所拥有的科技资源仅不到 30%，而且其中超过 90% 的科技资源集中在省会中心城市和直辖市，中小城市尤其县域地区的科技资源十分匮乏。而且科技资源的共享一直是科技界呼吁却没得到切实解决的问题，其中对科学数据、科技文献、大型仪器设备、自然科技资源等的共享环境条件建设反响尤为强烈。所以打破科技资源壁垒，实施科技资源共享，是国家发展战略的必然要求。

在这种背景下，科协应当整合组织内部的科技资源，采用云计算模式，搭建面向全国的科技资源共享平台，为科技创新发展提供良好的环境，让科技资源得到科学管理和高效利用，解决我国因科技资源分布不均而导致的科技资源浪费和匮乏并存的问题。

云计算与科技资源共享

云计算是移动互联网与物联网的典型计算模式，作为一种新兴的计算模式和应用模式，具有资源共享、按需访问等特点，云计算平台可以促进数据共享、信息转换和智能分析，为大数据的搜集、流通与集成分析提供了平台与保障[109]。

云计算给科技资源共享带来了极大的机遇，科技资源在云计算新环境下可以得到全面有效共享，以促进科技资源利用效率，并进一步促进科技创新发展。云计算对于科技资源的服务范围不仅包括传统文献资料服务，还包括数据信息存储服务、大规模计算服务、信息搜索服务、软件功能服务、软件设计和开发平台服务、知识服务、交易服务、社区沟通学习服务等，这可以拓展科技资源服务范围、扩大科技资源影响面、优化以客户为中心的服务理念和促进产学研的合作等。

科技资源共享平台要适应时代的发展和改革的变化，也要适应外部协作环境的变换，要保证云共享系统本身与外部环境之间相契合，保证云共享系统具有相对的独立性、高适应性和可推广性。科技资源共享平台向科技提供单位、用户会员和其他合法用户开放，它为科技主管单位、科技资源拥有单位提供对大型仪器设备、实验基地、科技图书等物理资源信息，以及科学数据、电子科技文献、视频学习资料、虚拟实验室等非物理科技资源的收集、共享、点播、下载、评论和推荐的平台。每个提供单位可以在自己享有的存储空间内，自主地组织和规划自己的信息资源，实现了资源的高效检索和管理。主要包含以下内容：资源上传、资源审核、资源共享、资源下载、需求记录、资源点评与收藏、资源统计及资源接口。

我国科技资源共享网站建设

我国的科技资源共享基础技术条件一直在完善，经过长期努力我国已经有中国科技资源共享网以及其他各种科技资源信息网，如中国作物种质信息网、中国家用动物遗传资源信息网、中国林业信息网。还有 18 个科技资源省市平台网站，如陕西科技信息网、四川省科技信息资源平台、上海研发公共服务平台网等。有 27 个科技资源建设项目网站，如大型科学仪器资源领域门户、海洋科学数据共享中心、交通科学数据共享网等。有各种类型的数据中心，如国家科技图书文献中心、航洋科学数据共享中心、国家农业科学数据共享中心。这些平台为大众利用科技资源提供了便利。

科技资源共享平台的搭建需要遵循先进性、系统性、科学性、实用性和可维护性等原则。平台的搭建要采用先进的云计算理念和设计思想，高速准确地收集和处理内部与外部信息，使新建立的云共享系统能够最大限度地适应今后技术发展变化的需要。要采用结构化的系统分析方法，进行模块化的功能设计，保证前后台业务不脱节，数据在云共享系统内要有序通畅地流动，各功能模块既互相联系又互相制约。同时要提高云共享系统的集成度，通过功能模块的集成，显著减少数据的手工录入，最大限度地实现数据共享。要科学地对传统科技资源共享进行改革，设计的各种体系架构、业务流程的优化要科学合理。系统体系设计要始终站在用户的角度，与用户的实际需求紧密相连，且要保证云共享系统建设保持连贯性，也要保证云系统的可维护性[110]。平台需要支持以 P2P 等多种方式传输信息资源，为资源的发布和传输，在线视频、远程共享等系统中大 GB 型文件的共享，提供较高的传输速度，可以采用云间备份加本地物理备份的混合备份方案。

5.1.3 应用大数据建设中国特色新型智库

智库是指以公共政策为研究对象，以影响政府决策为研究目标，以公共利益为研究导向，以社会责任为研究准则的专业研究机构。中共中央办公厅、国务院办公厅《关于加强中国特色新型智库建设的意见》中提出要重点建设 50～100 个国家急需、特色鲜明、制度创新、引领发展的专业化高端智库[111]。2020 年形成中国特色新型智库体系。意见强调，中国特色新型智库要遵守国家法律法规，形成相对稳定、运作规范的实体性研究机构[112]，要具有一定影响的专业代表性人物和专职研究人员，要有保障、可持续的资金来源，要成为多层次的学术交流平台和成果转化渠道等[113]。

大数据时代的快速发展，无疑为特色新型智库的建设带来了巨大的机遇。大数据思维和技术对智库内容产生了创新，这是一种融合媒体形态驱动的创新，通过多维度、多层次的数据以及关联度分析，找到症结，挖掘事实真相，从历史经验和发展趋势判断未来，提供决策参考。庞大的数据资源及其潜在价值的深度挖掘，将有助于人们更好地把握热点，数据分析技术也可以帮助人们更为科学地预测各个科学领域的重大发展趋势，优化智库产品结构、产品形态和服务流程，通过最大限度地实现数据"增值"，进一步提升智库产品的竞争力和影响力。

首先，科协应该重点促进中国新型智库的发展，及时发展社会网络以获取大数据资源，保证数据的准确性、可靠性以及全面性。其次，组建集团式的专业操作团队，充分分析、呈现大数据，大数据本身的特质（尤其是与智库研究相关的属性）。再次，加强团队数据加工和分析能力，特别是人才、技术和基础设施（即数据平台建设）三个方面。建立专门的数据管理和分析部门，构建系统的数据分析方法，加强培养熟悉数据挖掘和分析技术的专业人才。以经济智库为例，大多数经济分析员是财经专业出身，具备经济数据的分析撰写能力，但从海量数据中迅速提炼挖掘信息的能力仍十分欠缺，用大数据方法建立分析模型的理论研究和实际操作经验不足。最后，加强新型智库品牌宣传，提升品牌影响力。要丰富智库内容的表现形式和内容，提升受众的体验性和参与性，注重信息的共享。

5.2 推广"互联网+科协组织"科普模式

随着互联网的不断发展和普及，人们的生活方式和思想道德观念等方面都发生了巨大变化，互联网已经成为人们接触社会、认知社会的重要渠道。互联网使得现在信息传播的传播形式、传播载体和方式更加多元化，这使得科协科普工作的环境、任务、内容和对象也都发生了很大变化，这就要求科协的科普工作要适应新形势发展的要求，在工作内容、形式、方法、机制等方面都努力进行创新和改进。2015 年 4 月 30 日，中国科协就与腾讯签署了"互联网+科普"合作框架协议。根据协议，双方将全面推进"互联网+科普"战略合作，着眼于移动互联网的发展趋势，增强科普在社交媒体中的影响力[114]，推动科普内容、活动、产品在腾讯平台、跨终端的全媒体推送，推动科技知识在移动互联网和社交圈中的流行[115,116]。

国务院颁布的《全民科学素质行动计划纲要》提出全民科学素质行动，计划到 2020 年的阶段性目标："到 2020 年，科学技术教育，传播与普及有长足发展，形成比较完善的公民科学素质建设的组织实施、基础设施等[117]，公民科学素质在整体上有大幅度的提高，达到世界主要发达国家 21 世纪初的水平[118]。"科协是科普工作的主要社会力量，科普工作是科技工作的重要组成部分，以互联网为核心的新媒体技术的发展和崛起，对传统的科普观念和科普方法产生了冲击。传统的运用挂图、板报、图册、报刊、广播、电视等科普宣传方法，已不能完全适应科普对象的需求[119]。例如，每年在全国开展的科技活动周、科普活动月等活动，不仅消耗了大量的人力物力，科普效果也不理想。而且不少地方搞科普流于表面，且每年的形式都大同小异，受众参与度小，对大众没有足够的吸引力。互联网时代的到来使得科协现代的科普工作已不是单向的灌输，而是一种双向的交流。科协工作者既要向公众传播科学技术，也要了解公众对科学技术的需求。当前的科普，需要综合运用图文、动漫、音视频等多种形式，实现科技信息从可读到可视，从静态到动态，从一维到多维的融合，满足多种终端和多种体验的需求。科协要通过加快建立互联网网络科普联盟，将现代科普通过科协网络直接传输到每个对象面前，通过双向交互这种直观便捷的方式，由过去单纯的素养的传播，转变为培养受众掌握科学知识和懂得并能熟练运用科学方法的能力，使民众具有参与国家科技决策的意识和综合的科学素质。

5.2.1 优化各科普平台的服务功能

目前科普网站等普遍存在原创作品少，信息更新慢，科普网站知名度低，社会影响力小，对网民的吸引力不强等问题。科协需要从以下几方面开展工作。

1. 确保互联网科普内容的科学性

互联网相比传统媒体，信息的严谨性和可信赖性有所降低。但科普网站、科普频道和科普栏目承担着向受众普及科学技术知识、倡导科学方法、传播科学思想、弘扬科学精神的重任[120]，所以必须保证科学内容的科学性，失去科学性的网络科普也就失去了存在的价值和意义[121]。科普网站、科普频道和科普栏目的科技信息的编辑人员应该有严谨的科学态度，求实的科学精神，在自己熟悉的科学领域进行创作，所涉及的内容必须是真实的科学事实，有准确、可靠的科学数据，不能虚构，更不能是伪科学，不能为提高网站点击率而杜撰内容，一些不科学的报道不仅会降低科普网站的声誉，而且会造成受众对科普网站的信任危机。

发布的科普信息要避免相互矛盾，在同一问题上说法不一、互相矛盾的科普信息不仅会误导受众，而且会使受众对科普网站的信任度下降。科普网站、科普频道和科普栏目展现的科学信息一方面要尽量涉及已有定论、确切的科学内容；另一方面对于涉及一些科技前沿或尚未有定论的内容应有一个说明或提醒，说明此类内容并非定论，仅供参考等。对科普的内容要进行严格的审核，要严格把关，认真筛选，特别是在科学性上把握不定或者缺乏相关的科学论据的内容，一定要研究透彻，删除那些夸大其辞、危言耸听，甚至一些伪科学和封建迷信的内容。

科普网站的科学性

泉州市人民政府门户网站在首页对"科普专栏"进行改版，改版后的"科普专栏"包括科学探索、前沿科技、身边科学三个栏目，分设宇宙奥秘、地球故事、现代科学、现代技术、健康保健、居家生活、低碳生活、科学生活、应急科普9个子栏目，内容由市科协组织专人负责提供，确保了内容的真实性，群众通过点击泉州市人民政府门户网站——"科普专栏"就可以轻松获得各类科普知识，了解到正确的近期的热点科技信息。"科普专栏"成为泉州市向社会各界普及科技知识、倡导科学方法、传播科学思想、弘扬科学精神的重要平台，是广大群众获取科普资源的新窗口。

---

2. 确保互联网科普内容的时效性

网站时效性指的是信息的新旧程度、事件或活动最新动态与进展。传统媒介的信息传播往往需要一个制作周期，而网站则可在瞬间将数字信号传递到世界上任何地方，用户可以在第一时间知道所发生的一切，这种速度是网络吸引用户的一个重要因素。但科普文章不是新闻报道，科普网站对时效性的定位不应等同于新闻媒体，它的时效性应该是多层次的，不能只强调科技新闻动态信息的发布，应该更多地围绕公众所关注的重大突发事件或公众事件，如地震、火灾、公共卫生等事件，在第一时间从科学的角度提供权威、科学的信息内容，为公众答疑解惑。目前，国内外很多科普网站的科技信息的更新频率都较高，对公众关心的一些热点话题进行了报道，并且对热点和焦点问题制作了相关专题，邀请专家进行在线访谈、知识问答等线上活动。另外，也要根据科学技术的进步与发展，在网站上发布科技新突破、新进展，更新科技知识的内容。所以相关的科普网站、科普频道和科普栏目要进一步进行网络信息的优化，要保证网络信息的不断更新，要提高信息的更新频率，要进一步建设和开发信息源，努力办好几个名牌栏目，提高网页质量和增加精品栏目。要充分发挥科协、学会的人才和信息优势，经常听取科学家的意见，争取科学家的指导，使网上发布的科技信息具有前沿性、知识性和时效性。

科普网站的时效性

人民网站的科技频道、中国公众科技网、新浪网的科技频道等在甲型H1N1流感、玉树地震、舟曲泥石流、日本福岛第一核电站核泄漏事故等重大突发事件发生时，均在第一时间制作了专题，邀请专家开展了在线访谈等活动，向公众发布权威信息，这对于指导公众正确对待突发事件、采取措施消除公众疑惑和平息恐惧心理等发挥了重要作用。中国公众科技网的"有奖科普竞赛系统"，利用地球日、环境日、科普日等主题日分别开展了全日食日、睡眠日和中国科协会员日等主题竞赛活动，有效地宣传了相关领域的科普知识，这也是科普网站时效性的一种体现。

---

3. 确保互联网科普内容的原创性

互联网科普不能只是把书报刊上静态的图片和文字照搬到网上，这样既无法吸引社会公众的兴趣，也无法满足用户对科普资源信息趣味性、参与性的需求，有特色的科普网站才有存在的意义。

网站内容的原创性是吸引用户的重要条件，原创内容越多，越能吸引公众点击。科普内容创作的职业化有利于增强科普网站的原创能力。而且在法制化建设日益强化的今天，各个科普网站要树立明确的产权意识。目前，国内很多科普网站复制、粘贴甚至转载后不注明出处的现象十分严重。在我国，大部分的科普网站都是公益性质的，人员、经费等都由主办单位负责，在商业广告方面也没有涉及。因为对于这些公益科普网站，普遍认为是为全社会服务的，借着公益性而随意使用网络上的作品而不会受到知识产权的追究。但是，按照《中华人民共和国著作权法》规定，就算是在网络上的作品，其著作人拥有著作权，作品的刊登需要得到其同意。公益科普网站开设的出发点是无偿让公众受益，但不代表可以借此而不顾著作权法，其使用网络资源还是要通过合法途径事先获取作品的网络刊登权，不能以网站自身的公益性质为由而推脱侵权责任。而且，在转载互联网上其他网站上的作品时，就算是没有标明不得转载，公益性科普网站仍然应该标明其出处，标明的内容应该包括作者的名字、刊登的网站，并主动联系网站或者著作人，询问稿酬的支付情况。对于作品原网站上标明了不得转载字样的，如果要转载，则事前应该联系著作人，并签订书面合同。而且转载相关的科普报刊、书籍的科普内容，网络科普网站也要注意其著作权，最好是书面签订网络作品的网络传播授权书。

设置科普类奖项

为鼓励职业科普作家，美国和其他一些国家建立和健全了科普创作的激励和奖励机制，为在科普方面有贡献的人士设立了奖项。如美国国家科学基金会的公共服务奖、英国皇家学会的法拉第奖、美国科促会的科普奖，联合国教科文组织的卡林伽科普奖等。这些奖项的设立对科普的职业化起到了积极的促进作用，这些国家科普网站的原创内容比例非常高。这些是我国科普网站值得借鉴的地方[122]。

---

4. 增强互联网科普的互动性、体验性和参与性

科普网站不是一个被动的媒体，交互性是指网站和受众之间信息传递的双向互动，是各类网站生存发展的重要条件[123]。互联网的互动性体现在很多方面，小到用户的每一次点击，大到用户参与的线上线下结合的科普活动。网络科普的互动性、参与性、体验性互为一体，集中体现在科普内容和形式多样性上。由于中国与其他国家在科普机制、资金运作等诸多方面存在着差异，因此，网站的互动性在侧重点上也有不同。国外网站的科普更多的是一种自发的社会行为，注重的是通过自身提供的信息内容，在互动中为受众答疑解惑，通过输出的科学知识和科学方法，在点滴内容中潜移默化地提高公众的科学素养。在国内，中国数字科技馆、中国公众科技网、中国科普博览等大型公益型科普网站，得到了政府有关部门的资助，《科普法》和《全民科学素质行动计划纲要》的实施，让这类网站的互动里多了一层意义，让这种互动性里带有了一种榜样的力量，号召并吸引着社会各界人士参与到科普活动中来，为提高全民的科学素质作出努力[124]。科协可以从以下几方面来开展工作。

一是推出科普游戏和动漫。中国科协"十二五"规划研究之《新媒体科普发展研究报告》在开发新的网络科普形式、提高科学普及的效果中提到：近年来，已经出现了一种被命名为严肃游戏的游戏形式，和科普密切相关。这里提到

的严肃游戏，实际上的意思应该是"教育游戏"。教育游戏不同于网络游戏，它是有教育目的和评价体系的课堂教学，是促进认知发展，让学生经由情景参与强化自己与团队的技能，提升学生跨学科与广泛应用能力的卓有成效的手段[125]。这些网上的虚拟游戏里藏着并不简单的科学原理，不但可以帮助孩子学习科学知识，激发对科学的兴趣，也开阔了孩子的眼界，培养了孩子的兴趣爱好。而且游戏的方式可以直观地展示科学，可以帮助受众解开自然科学的秘密，了解自然科学的规律。并且，这些科学游戏都非常简单，操作起来毫不费力。近年来，网络游戏作为互联网的一项支柱性产业实现了突飞猛进的发展，也引起了社会各界广泛关注。但科普游戏还有很大的发展空间有待开发，需要更多具有科普教育意义的作品去占领游戏市场，进而引导游戏产业健康发展，真正体现游戏寓教于乐的特点。一方面可以开发大型的科普网络游戏，将整体知识碎片化、趣味化，做成大型网络游戏，寓教于乐，对于科学普及势必会有一个良好的效果，尤其是对于青少年，吸引力会比其他科普形式更强[126]。另一方面可以促进建立科普动漫作品库，集成各种制作简便、生动活泼、形式灵活多样的科普动漫作品，以生动活拨的方式阐述科学知识，既可表现科普事件又可展示科学原理，满足受众浏览、查询、检索、下载数字化科普动漫作品的需求。

科普游戏的普及

中国科普博览网站专门设有科学游戏栏目，栏目中有大熊猫擂台、非典女孩、虚拟航天、打榜陶瓷、网上草原游、地震中逃生这样的小游戏，生动有趣。严肃游戏作为一类软件工具，具有仿真模拟、人机或者人人互动、自我探索、无限试错、自动提示、即时反馈和超文本链接的重要特点，网络化的严肃游戏软件还可以提供系统的"游戏"统计，帮助管理方具体、及时、准确地掌握参与"游戏"者的进展状况。严肃游戏的核心价值是对学习的巨大促进。它可以促成普遍的高质量学习成果，而且时间成本很低，在许多情况下还可以节省大量财务支出。对于游戏参与方，不论他们是在校学生还是形形色色的从业者，严肃游戏可以提供一种引人入胜、个性化、互动性的全新自主学习体验，这十分有助于激发学习者的创造力和创新意识。某些类型的严肃游戏软件还能帮助他们培养战略和协作技能。对于雇主而言，严肃游戏的吸引力不仅在于有助于产生超常的学习效果，而且在于严肃游戏所提供的低成本和无风险的学习环境。

二是建设多媒体浏览馆和体验馆。多媒体浏览馆和体验馆可以让受众深入科学内涵，体验研究过程，同时充分感受科学的快乐以及科技文明的魅力。网站利用多媒体技术，可以将科学抽象的概念形象地表达出来，使读者获得专家指导下的全新阅读过程性体验。特别是通过远程虚拟环境的设备，用户还能实时共享许多国内重大科研课题、重要科研设备及重要科研数据，参与科研活动，了解科研过程，进而把握我国科学事业发展的脉搏。

三是要促进不同主体之间的交流。传统科普中，科技传播主体较为单一，主要包括政府和科技工作者。政府是科技传播事业的推动者和管理者，科学家是科技知识的生产者，传播和普及科学技术知识则是科学家的次要任务。在互联网时代，科学技术对社会起到了越来越大的推动作用，科技传播主体向多极转化，范围大大地扩展了。科技传播的传播主体除了科学家和政府之外，还包括大众传媒、新媒体、教育机构、企业、社会团体等，许多科学爱好者也加入科技传播的队伍。借助互联网技术，科学家可以在网上发布最新科学发现，及时与公众进行交流，在传播科学知识的同时也获得了受众的反馈。同时，科学爱好者也可以借助互联网进行科学传播。

5. 降低城乡间的数字鸿沟

数字鸿沟是指不同国家、地区、行业、企业、人群之间由于对信息、网络技术应用的不同及创新能力的差别造成的信息落差、知识分隔和贫富分化问题。随着互联网的发展，期盼中的信息公平分配并没有出现，信息落差和信息分隔反而愈演愈烈。由于接受信息的程度和使用互联网水平的不同，互联网的出现进一步加强了原来信息强者的地位，出现了信息化社会下的数字鸿沟。就中国互联网发展而言，近几年来得到了迅速的发展，但是仍然存在着发展不平衡的问题。城市和农村、沿海和内地、东部和西部，互联网的发展都存在着差异。互联网传播的科技信息，无论是对高经济地位还是对低经济地位的人都会带来知识量的增加，但是相对于低经济地位的人来说，高经济地位的人得到信息的速度和数量通常快得多，这种差距形成得越久，知识差距就越大。所以科协今后要促进农村地区互联网的普及，注重落后地区的科技信息普及，先逐渐开展线下科普活动，然后从线下向线上转移，以此来降低城乡之间的数字鸿沟。

6. 加快优化互联网科技规划咨询功能

在传统的科技规划咨询过程中，每一环节都是独立邀请专家参与咨询，能在连续工作环节上被重复邀请的专家为数不多，因而可能导致下一工作环节上的专家对上一环节咨询结果的理解存在比较大的片面性，对专家意见的采集和处理也往往缺乏系统性和连续性[127]。

互联网相较于传统媒体，信息传播速度快，网络覆盖面广，具有定向传播信息能力，并能在多点之间进行交互式信息交流。可以实现全球同步工作，全球各地用户可根据自己的时间安排，随时利用互联网传播、存储和处理信息。基于互联网的科技规划咨询，一方面使专家管理方式更加完善。专家可以在一个统计周期内不断提出、修正、补充自己的意见和看法，而不是集中在一次会议或讨论中提出，信息量会更大，表述会更充分。采用先进的计算机和网络技术之后，能使分布在更广地域内的、主流和边缘学科的、更多数量的专家参与咨询活动，而不再受时间、空间和经费等的制约。而且网络信息交流方式降低了专家咨询的时间、空间和成本限制，使国内外更多数量的专家，除技术专家之外的软科学专家、行业专家等更多类型的专家，可以通过网络参与科技咨询。另一方面社会公众也能参与科技咨询。在基于互联网的科技规划咨询平台上，公众能够浏览、查询已经完成的科技规划草案，能够以匿名和非匿名方式提出自己的科技发展需求和规划修订意见。在公众参与基础上制定的科技规划，容易集中群众的集体智慧，吸收第一线的劳动者的经验与要求，构建科学合理的共同愿景，并使科技规划的实施具有社会发展基础。规划咨询中信息的交流、收集、综合与展示方法也变得更加有效。不仅能使专家在一个科技规划制定环节上进行交流，而且能使不同科技规划环节上的专家、不同科技规划制定环节之间进行互动式交流[128]。在信息收集方面，通过格式化、标准化的问卷和函询，使专家和公众的评价意见具有结构化、半结构化的特点，从而有利于信息的自动抽取、归并和标准化处理。在信息综合与统计分析方面，由于数据标准化程度较高，因而有利于实现自动汇总、合并和统计分析。在咨询结果展示方面，计算机可以采用图表、声音、视频、文字、颜色等多种形式，采用数据库、超链接、三维动画等信息组织方式，显示咨询结果，从而突破传统纸质文本在表述和结构方面的局限性，利于阅读和理解。

虽然基于互联网的科技规划咨询系统有着明显的优势，但也要规避其劣势。咨询活动的开展时间延长且变得松散，这些增加了专家管理的难度。而且采用互联网后，社会公众也能参与科技规划的制定，但是，社会公众与具有专业知识和创新性思维的专家毕竟存在差别，对公众在科技规划制定中的作用定位，公众的参与程度、参与范围、参与方式，公众对相关数据、资源、问题、政策知情程度的控制等问题，需要思考和完善。另外，基于互联网的科技规划咨询系统虽然有效克服了传统专家咨询方法存在的局限，但它本身也带来新的问题。例如，网络虚拟性的特点加大咨询专家和社会公众传递科技规划制定目标和决策者意图的困难。而且，计算机只能对数据、文字、图像等进行机械式的识别和处理，既容易使符号脱离具体语境而发生含义变异，又容易在没有人工干预的情况下，较难从数据、意见的汇总、分析中发现创造性的意见和建议。这些负面影响是基于互联网的科技规划咨询系统应用中需要极力克服的。

5.2.2　促进科普网站之间的资源整合

互联网科普内容的一大特点就是表现形式丰富，为了使这种优势充分发挥出来，科协可从以下三个方面发挥作用。

1. 促进多个科普网站之间实现资源共享

用自己的方式，做大量重复性的开发和科普网站建设的结果只能是造成过量的浪费资源，科协应该利用互联网的开放性的优势，促进科学网站之间的合作，做到科普资源共享。例如，科普网站建设时，应做到优势互补，科普内容共享，最大限度地避免重复建设，促进科学专家的网站，网络编辑人员，计算机技术人员，管理人员的信息沟通和交流。

2. 促进科普网站与其他网络形式的合作

科普网站作为专门的科学网站，拥有比较丰富的科普内容资源，如文字、图片、视频、虚拟博物馆等。科协应该促进科普网站与其他网络形式合作，共享科学的内容，如移动电话网络、视频网络、搜索引擎等，这对提高科普信息质量和科技传播效率，促进科学资源的利用都具有重要的意义。

3. 促进机关各部门和各级科协及学会组织的科普资源共享

如果科协网站仅仅是利用网页发布科普信息，那么可以说，其业务应用系统还没有得到广泛利用。要建设具有科协团体特色、适应科协事业发展需要、满足社会公众科普需求的现代化信息发布平台，科协可在有条件的市级学会、协会、研究会，区县（市）、厂矿企业、高等院校、科研院所科协设置子网站。这样才能扩大网络容量，加快更新速度，发掘高质量的原创作品，发布有特色的科技信息。当网络传播体系形成后，科普网站可以进行行业专家、科技人才、成果推广等数据库的功能细化和网上开通，相关文档及使用材料的整理更换，使前沿性的、创新性的、先进性的现代科普信息成倍增加，传播效果亦会随之以几何方式无限放大[129]。

> ### 大众科技网的建设
>
> 2014 年，浙江省科协召开了"大众科技网——科普资源共享服务平台"工作研讨会。会议就推进科协系统科普资源共享平台的实施，实现全省科普资源共享与服务为一体的中心平台做了研究部署。科普资源共享服务平台是浙江省科协为统一科普资源、拥抱互联网科普所建立的服务平台。经过半年的建设，目前整个平台已经完成了架构设计，首期实现了科普影院、科普图吧的功能开发以及部分数据采集上传工作，并集成全文检索、自动转码、版权水印等各类先进技术。该平台的建设将分四个阶段完成，目前已经实现了第一阶段的多媒体中心功能，大众可通过该平台观看科普视频、科普图片等。该服务平台的建立对于拓展科普资源采集和传播渠道起到了重要作用，增强了信息化社会中网络科普的权威和科学性。科普资源共享服务平台建成后将成为一个开放的平台，用户不仅可以查看、检索科普信息，还能通过身份认证获取资源上传权限。未来还将逐步构建起统一的数据平台、统一的展现平台、统一的信息交互平台，实现视频、音频、图片、图书等科普资源的一体化采集和展示，使用户交流与资料采集的渠道更为多样化。

近几年，中国科协已尝试与互联网协会合作，建立中国网络科学联盟。促进单位组织成员之间的交流和合作，开展网上专业和技术培训，联合教育和研究机构举办各种网上互动论坛活动和组织专题组，形成科普网站评价系统。促进科普网站和其他网络形式的合作，如百度知道和百度百科等。

中国科协也与声像中心进行了合作，将有关的音像视频资料发布在科协网站中，供网民查阅和下载。据了解，声像中心积累了大量的声像资料，包括科协历届重大活动的声像资料、各类科普视音频作品等。这些内容花费了大量的资金，但没有得到广泛的传播和充分的利用。如果通过多媒体的形式在科协网站上展示，可以提高这些资源的利用率，使得国有资产得到充分利用[130]。也可以收集民间制作的科普作品，不断充实科普声像内容。

5.2.3 开拓科协"微内容"传播渠道

科协要促进"微内容"传播渠道的建设，如建立科协的博客、微博和微信等。传统的科普是一种自上而下的专家对大众的科普教育，而博客、论坛和微博等社交平台等改变了这种模式，现在微博和微信均可以包含文字、图片、视频、语音等内容，一些简短的科技视频可以通过微博、微信来进行传播，以裂变的方式进行多极化、碎片化传播，从而实现受众获取科技信息，每个作者都是自媒体的主人，拥有更多发表言论的机会和权利，而博客的留言、评论功能，论坛的跟帖功能，以及微博中来自相互关注人的讨论，让民众与科研机构、科学家的距离大大缩短，信息的交流与互动更为频繁和简洁，这些都把科普变为一种更加民主、自由和主动的言论广场。

微内容

"微内容"是 Web 2.0 的产物，指的是譬如标题这样的超小文本，是由个人用户生产的，小规模、低成本或无成本制作的网络媒体内容。现今对于"微内容"的认识已扩展为互联网用户的独立数据，比如用户的一个评论、对音乐和电影的下载动作、网页的收藏甚至是用户的一次点击等。"微内容"体现着用户个人对网络海量数据的选择性接触行为，它反映了用户的兴趣爱好和文化背景等信息。社交网络无疑是"微内容"传播的最有效的渠道。"微内容"是碎片化的，但是社交网站把这些内容聚合在一起，以个人为节点进行制作传播，带有了一定的秩序性，它可以使得"微内容"更具原创性和自我性，内容表现形式也变得多样化，实现了向多人发布信息并讨论话题的功能，将过去单一的点对点交流推进到点对面交流。

---

1. 开通科普博客

博客是一种自由表达观点的发布平台，科协网站的博客，应该具有自己的特色，不能够也不需要覆盖到每一个网民。前期，可以先为以下几类人在科协网站建立博客：国家科技奖得主；青年科技奖得主；中国科协全委；《科学技术专家传略》中收录的科学家；优秀科技工作者、科协工作者。他们每一个人都可以在科协网站开博客、写博文、发观点、播视频、写评论。同时，各信息员还可以通过论坛、留言板进行交流。对于每一篇博文，网民可以发表自己的看法，与作者进行交流。而且可以开发博文推送功能，通过在科协网站上添加相应的代码，可以方便受众订阅地方科协有关内容。不仅可用于推送新的博文的通知，还可以用于其他数据更新，包括科协动态、重大科技事件以及图片等。

科学松鼠会博客

科学松鼠会博客以其有趣、活泼的科技传播方式赢得了许多的科学爱好者。科学松鼠会重视与受众线上和线下的互动，设置了很多活动板块，开辟了"小姬看片会"和"科普讲座＆阅读沙龙"等线上线下相结合的专栏，网站还在搜狐、新浪、腾讯等门户网站开通博客，利用博客这一活动空间与网友互动沟通。

2. 开通科普微博、微信

互联网的发展，使得很多网络交流平台逐渐兴起，其中以微博和微信为代表。微博和微信给人们提供了一种可以直接及时信息交流沟通的渠道。人们不仅可以发表分享自己感兴趣的内容，也可以从他人那里收藏和获得自己感兴趣的东西。所以，微信和微博已成为各企业必不可少的营销渠道。对于科普工作来说，微博和微信无疑也将成为很重要的渠道之一。中国科协应要求并协助各级科协及学会建立官方微博和微信，及时回应公众关心的科技问题。促使各学会培训、协助科研人员使用微博、微信等平台，学习新媒体使用方式，熟悉新媒体传播规律，通过微平台与公众进行沟通交流，就公众关心的科技问题进行及时答疑[131]。

重庆市科协微博、微信的成立

2014 年，重庆市科协开辟了网络、微博、微信等信息化科普日平台，通过重庆市全国科普日活动专题网页、微信、腾讯微博、微视等网络和移动通信平台，开展科普日活动"金点子"征集、微视秀科普、科学热词大家谈、"科学传播达人"评选等一系列网络科普活动。并且市科协与知名网站合作，开发设计出一款全新网络科普游戏，对大家关注的民生科学热词进行科学解读，激发公众强烈的参与需求，让公众在游戏中学到科普知识。还充分运用最新社交媒体工具——微视，开展"微视秀科普"原创科普微视征集活动，面向广大公众征集 8～30 秒原创科普微视频，引导公众进行科普互动。网友可通过腾讯微视 APP 以及其他摄像设备拍摄 8～30 秒原创微视频参与本活动。本次征集的原创微视频内容包括奇趣大自然、生活小科普、科学实验室三大板块，可涉及环境保护、动植物科学、生活科普常识、自然美景、科学小实验等题材。活动期间，通过大渝网科普日专题网页、腾讯微博建立互动话题，调动网友参与科普知识微博分享转发互动，评选"科学传播达人"和"最热科普微博"。活动中评出的"最热科普微博"将在科普日主场活动中宣传展示。传递科普微博、微信最多的网友将授予其"科学传播达人"称号。

龙泉市微传播平台的建立

近年来，龙泉市科协高度重视科普信息化工作，不断开辟网络化科普信息传播途径，整合现有科协系统网络资源，与传统媒体科普信息传播途径相结合，建立便于市民学习科普的交流互动平台，加速推进该市进入"微科普"时代，让科普知识变得触手可及、走进千家万户。日前，龙泉市科协创新科普宣传方式，账号名为"龙泉市科学技术协会"官方微信、腾讯微博正式上线运行。龙泉市科协充分利用微信微博用户数量庞大、发布及时快捷，并可裂变式传播这一特点，以时尚、互动的形式，搭建交流平台、创新服务理念、拓展宣传内容。旨在向所有关心、关注该市科协的各界人士及时发布科协工作和活动动态、回应公众关注，提升科协形象。充分利用这一平台和窗口，积极开展科普服务工作。有效扩大了科普受众面，推进科普信息化、提高公众科学素养的又一种新途径，实现了"全方位、多角度"的科普格局。

3. 建立生态微系统

在互联网时代的大背景下，近年来涌现出一大批以网站为主体的科技服务平台。这些科技服务平台在一定程度上解决了科技服务供需两端信息不对称的问题，但这些平台往往由于缺乏基于市场实际需求的深层次对接，大多没有真正发挥出其应有的作用，更没有达到其通过综合科技服务的模式，整合科技服务资源并搭建起全链条科技服务体系的初衷[132]。所以科协要鼓励促进科技服务机构建立科技服务生态微系统，运用互联网思维的开放合作分享理念，建立科技服务业多主体共赢互利的生态微系统，连接互联网中科技的供需双方，实现跨区域、跨产业的交流合作。

生态微系统主要是指一个集科技服务产品介绍，供需对接，线上交易等服务的信息平台，供需双方可以在此平台上实现信息交换和传播，实现跨区域、跨部门、差异化科技创新服务资源的整合集成[133]。生态微系统的建立，从横向发展来看，各科技机构可以实现交流互动，促进资源的共享。从纵向发展来看，可以促进科研机构的创新和人才的引进。总的来说，此生态微系统的优势主要有以下几点。一是可以促进各方资源信息的整合和利用。通过各方的交流，可以明确供需方的资源条件，从而可以促进资源的合理运用。微系统相当于一个资源中介，使供方的科技资源可以实现利用最大化，并且能在最大限度上满足需求方的要求。二是通过生态微系统的建设，科技服务业上下游可以进行无缝衔接，可以通过需求方的要求，促进供方市场的技术创新。可以根据市场需求集聚人才，集聚一批高质量的创新人才。并且可寻求与各高校和科研所的合作，实现科技服务业人力资源的整合。三是通过生态微系统平台建设，可以整合各类专业科技服务机构，对各机构的服务项目进行监督。可以通过互联网，在各方信息交流的基础上，进行项目管理和评估。在与需求方交流的基础上，可以促进科技服务重点领域的思维创新。另外，在此微系统中，科协可鼓励各科技机构建立分工协作、科技资源共享和利益分配等机制，通过建立合理的利益分配机制、会员奖励机制和员工激励机制，实现该系统与用户和合作方多主体的信息交流，提高该系统的效率。

科易网

科易网形成一种涵盖线上和线下的新型科技服务提供模式，通过网络平台和技术交易辅助工具实现了全程的技术交易服务。通过开放式的服务模式和流程创新，以及较为完善的体系构建，与各个主体之间的活动结合得较为紧密，服务活动和创新活动之间的耦合度更高。

从创新主体-服务主体来看，科易网形成的线上线下技术交易服务圈，有大量的参与者，包括发明人和专家、企业、科研院所、服务机构和政府。这种多元对象参与的服务微系统，使得整个生态系统当中，形成一种多角化的共生关系，不同参与主体在圈子当中都有交集，各方参与者之间的共生性更为强化，形成了多方参与者之间的正反馈和正循环。

5.2.4 促进科普内容移动端的传播

1. 建立移动科普信息平台

近年来，智能移动设备的普及促使了移动互联网的发展，计算机已不再是人们使用互联网的唯一方式，以移动电话为代表的移动终端设备已成为大众社会生活中日渐普及的通信工具[134]。在科学普及中，手机作为终端媒介的传播方式已发展多年，如今，随着互联网技术的更新换代，手机电视等新生事物也逐步进入人们的视野，对科学知识的传播起到了推动作用。为了服务那些因环境限制而对新事物接触度低和知识面较为狭窄的受众，科协可以推动各级科协建立移动科普信息平台，用户可以通过手机端接入服务网站或者拨打热线电话，然后以短信的形式收到各种服务信息。

---

110 网站平台的建设

山西科协曾与山西网通公司合作建成了农科 110 网站。该省任何地方的农民在农业生产中遇到科技难题和困惑时，只要登录山西农科 110 网站或拨打 969000110 服务热线，便可在 24 小时内得到农业专家权威、准确的远程零距离指导或现场指导。农科 110 网站与山西农村广播、科学导报、科普惠农网、山西农村电视等多家媒体携手，在短时间内建设了省、市、县、乡、村五级农科 110 服务平台和网络，被中国科协作为经验推广到全国[135]。

---

2. 开发科普 App

App 的种类和内容十分丰富，涉及的领域较多，既有学习工作类的，也有娱乐游戏类的，满足了不同智能移动设备用户的多样性需求。根据美国市场研究公司 eMarketer 的报告《全球移动手机用户：2014 年上半年预测和比较》数据预测，2014 年，全球智能受众数量已达 17.5 亿户，App 的使用率也随着智能设备拥有量的增加而不断提高。所以科协要积极促进科普 App 的开发和普及。科普 App 就是为了满足人们在移动互联网时代，以更快速、更方便的形式了解科学知识与科学信息应时而生的智能设备应用程序。科普 App 要以传播科学知识为目标，以提高用户科学兴趣为导向，主要为使用者和消费者提供科学类的知识和信息，通过比较新颖的形式设计和生动的用户体验，让使用者在日常生活的智能移动设备应用中加强对科学知识的了解和学习，增加使用者的科学体验，提高科学兴趣，从而达到促进公众科学素质提高的目的。由于不同群体对科学学习的诉求有所不同，相关机构在开发应用程序时也要针对不同背景的用户设计不同类别的科普 App，以满足不同的科学传播目的。

目前，一些科技机构在科普 App 的开发方面走在了科学应用开发的前沿，他们所推出的科普 App 可以根据不同的分类标准划分为不同的应用类别。从用户群体的不同定位出发，可将科普 App 概括地分为两个类别，一种是面向专业科技人员和科技爱好者的科普 App，另一种是面向普通大众的科普 App，在此可将前者称为专业性科普 App，后者称为通俗性科普 App。依托科研机构开发的科普 App，主要由科研院所的科学家或专业科技工作者研发设计，他们从各自机构的科技专业背景出发，根据科研院所所具有的科技研发优势和科技资源条件开发出具有专业学科特征的科普 App，以此满足科技工作者和科技爱好者的科学需求。这些科普 App 开创了公众理解科学和科学研究的新途径，以具有趣味性和引导性的形式推动了公众对于科学的探究，可以说是一个大众参与科学研究的过程。App 团队开发的科普 App 是根据不同科学学科的特点和受众的不同市场需求，开拓的适合公众科学传播和科技教育的科普类 App，主要定位就是满足大众移动网络使用群体对科学学习的需要。通过这类科普 App 的应用，可以加强人们对自身与科学之间关系的更好理解，帮助人们更好的学习科学、认识科学、运用科学。网络媒介类科普 App 主要涉及依托科学类网站或科学教育类网站所设计的智能终端 App，大多数的科学类刊物、科学传播网站、科学教育课程网站等都设计推出了同名的 App。依托网络媒介开发的科普 App，是在相对成熟的互联网媒体基础上出现的，扩展了各种传播媒介在传授知识、传播理念等方面的渠道，开拓了科学教育的新途径，改变了科学教育的传统教学方法，带来了科学教育的新理念，这既是科普 App 在移动互联网时代带给科学传播的新契机，也是科普 App 带给科学教育甚至是基础教育和高等教育的全新挑战。

企会宝

"企会宝"信息化在线合作 APP 平台是中国复合材料学会在开展创新驱动助力工作中开发的企会对接沟通平台。该平台依托学会智库优势，可以弥合专家与企业间的信任度、能迅捷解决企业需求时效性等问题，具有专业性强、信息更新及时、对接时效性高的特点。目前，平台已与 11 家地方科协开展了合作，有 60 余家优秀企业加入平台。

流星计数器

美国宇航局（NASA）开发的 MeteorCounteApp（流星计数器），就是让用户运用这一 App 收集所在地区的流星数据，对他们所观察到的流星的时间、

数量、经纬度、亮度等进行记录，并将这些数据上传到美国宇航局，促进他们的研究，同时达到与科学家的研究互动。有的大学也根据自身的研究特点和科研条件开发了相关的科普 App，创立于美国纽约大学的 ProjectNoah（诺亚计划）App 就是一个代表性的案例。这款 App 的设计目标是力图打造成记录全球所有有机体的研究平台，让使用者将自己发现的新的植物或动物进行记录，并上传数据与科学家和其他用户分享，科学家和其他用户会帮助其鉴定这些新的生物物种，以方便使用者更好地了解所处地区的生态环境。这类App 的应用过程是智能终端用户与科学家共同探究科学的过程，让科技爱好者与科技工作者以不同的工作角色共同进入发现科学的研究当中。

百课网

全球 App 开发团队中比较有代表性的是英国 TouchAppLtd 的百课网团队，他们的目标即是致力于为网络和移动用户提供更生动直观的学习体验，为教育工作者提供教学开发软件等，以提高教学效率，以移动互联网时代的触控App 形式带给用户不同于以往的学习体验，促使公众对于教育展开全新思考。这一团队设计开发了一系列的科学教育类 App，以精美的 App 模式设计与探索研究性的应用体验，受到用户的喜爱，让科学学习真正成为一种兴趣。比较有代表性的科普 App 有"认识植物""图解细菌""化学元素""分子量计算器""虚拟酵母细胞""生物学示意图""遗传解码器"等。多款科普 App在传播科学知识、开拓使用者科学视野、提高科学探索兴趣的同时，还内置了中英文对照的相关科学专业的词汇表，并附有英文释义朗读，可以帮助App 用户在学习专业知识的同时，提高该专业的英语水平。如"图解细菌"（BacteriaGuide）App，以大量设计精美的图解和直观易懂的动画，以及详尽的细菌学专业词汇解释，对细菌的结构、细菌的生长和代谢、基础细菌遗传学、细菌的基本实验操作、细菌和人类的关系等细菌学方面的知识进行了介绍，并配有中英文对照加英文真人朗读的细菌学专业词汇表，让学习者在探索细菌学知识的同时，增强他们的专业英文学习兴趣，有益于提高对该专业英文的认知水平。此外，一些大型的信息技术企业也依托自身的专业项目团队开发了科普类的 App，得到了科学应用爱好者的认可，如 IBM 公司SmarterPlanet 项目的 Research- Almaden（阿尔马登研究中心）就设计了名为CreekWatch（水资源监测）的科普 App。这款 App 的定位即为 IBM "智慧星球"（SmarterPlanet）的理念，并为更好地管理水资源污染而开发，为用户监测管理他们经过的任何水道提供了便捷的方式，使用者可运用这款 App 收集其经过的任何溪流的预估水量、流动速度、垃圾含量、水质图片等数据，将其发送至 IBM，IBM 对这些数据进行汇总后与美国的水质监管部门进行数据分享，从而帮助这些部门跟踪水污染的情况，更好地管理水资源。由此可见，专业团队开发的科普 App 主要是以科学知识传播与科学生活辅助为目的的移动应用，是人们在移动互联网时代学习科学知识、运用科学解决问题的新形式。

3. 推出科普手机报

手机报是继报纸、广播、电视和网络四大媒体之后出现的，手机报的产生和发展给人们日常获取信息提供了更加便捷的渠道。科普手机报就是基于传统纸质媒体与电信增值服务平台合作孕育出的科普知识传播新方式，它可以将各种科普信息和知识通过无线技术平台发放到受众的手机上，用户通过手机就能浏览整个报纸的内容。相比于传统的科普媒体，科普手机报有着独特的优势。它将以前报纸静态的文字和图片，以更加丰富的形式展现出来，科普信息的来源也更加丰富，可以来自于人民群众，贴近大众的生活。增强了与读者的交互性，可以设置点评和评论功能，使用户可以发表他们对于新闻信息的看法。也使得用户信息的获取更加快捷和及时，增进了用户读报的兴趣。

中国科协应该依托地方科协，给以经费的支持和模式示范，推动部分有条件的地区率先启动科技手机报试点运营。打破行业壁垒，与移动通信运营商建立合作伙伴关系，使手机报覆盖多区用户。鼓励支持科普主体机构，如地方科协、传媒机构等成为移动通信科普内容提供者，包括成立非营利的专门从事 3G 新媒体科普创作与素材开发的机构。针对不同人群，联合相关部门，共同开发有针对性的科普素材，对不同受众进行分众式科普新闻信息推送。开辟应急科普新闻通，在遭遇重大自然灾害或社会突发事件时向公众提供急需的科学知识。另外，在利用手机报传递科技信息时，不应是单纯地把科学知识灌输给手机报用户，而应该有多样化的形式和方法[136]，多采用诙谐幽默的语言文字，或者游戏等形式，或者互动竞猜等激励方法[137]。

江苏省推出科技手机报

近年来，江苏省大有镇为加快科技强农步伐，在镇原科普咨询热线的基础上，根据农民实际需要，充分利用网络群发优势设立了科普手机报，定期给农户发送各种农作物和畜禽、水产等种养殖技术，根据不同季节，按照种植养殖不同时间段的需要，发送农作物病虫害防治、畜禽防疫以及假种子、假农药、假化肥的鉴别等相关知识。同时，该镇还定期邀请市、县农业科技人员开展科技讲座，发放学习资料。镇科普工作者经常深入村庄、农户，用通俗易懂的语言向农民讲解相关种养技术，消除农民疑虑。据统计，该镇开办科普手机报一年多来，共发送种养科技信息250多条，农民在家足不出户就可了解到各种农业信息。

4. 推出电子版科技期刊

随着互联网的发展，科技期刊由以前的单一纸质介质转变为纸质、网页等多种介质存在的形式。电子书又称 e-book，是人们利用计算机技术将一定的文字、图片、声音、影像等信息，通过数码方式记录在以光、电、磁为介质的设备中，并借助于特定的设备来读取。被称为互动杂志的电子杂志，兼具了平面与互联网两者的特点，通过图像、文字、声音、视频、游戏等相互动态结合来呈现给读者，此外，还有超链接、及时互动等网络元素，是一种很享受的阅读方式，并且可移植到多种个人终端进行阅读。科普期刊可以依托电子书的平台，将科普信息更加多元化、及时地传递给用户。用户可以在多个移动终端，通过零碎的时间进行阅读，科协可以通过推出大量的电子科普书，发展网络科普电子书阅读，从而促进科学的传播。

中国国家地理网站电子期刊的推出

中国国家地理网以品牌下杂志各期刊精彩内容及活动信息为基础，推出《中国国家地理》《博物》《中华遗产》等电子杂志。推出电子版《户外旅行介绍》，提供深度旅游一站式的解决方案，包括路书、攻略和电子地图等。并且提供了杂志订阅、阅览器下载等多项服务。

手机期刊的推出

很多科学杂志在原有纸质期刊和网络期刊的基础上，推出 App 版的电子期刊，如英文版的 *DISCOVERMagazine*、*e-ScienceMagazine*、*PopularScience+*、

*ScienceReader*等，以及中文版的《环球科学》《科学大众》《自然杂志》《人与自然》等。一些著名的科普类网站也推出相关的科普 App，如被国内青年科学爱好者所喜爱的"科学松鼠会"，就设计推出以其网站为依托的科普 App"科学松鼠会"和"果壳网"，将科学知识与科学理念传播给移动互联网用户。除此之外，还有一些科学教育类的网站在原有网络课程的基础上设计推出了移动网络科学课程的 App，最具代表性的是以各种 MOOCs（大规模网络课程）形式所推出的 App。这类科学教育 App 的出现，以全新的形式改变了人们学习科学的方式，在各种形式的慕课网上，成千上万的学习者可以选择自己青睐的课程，按照自定步调、以自己的学习方式进行学习，并进行同伴互动，这些都改变了在线学习的现状。

5.3 攻关"中国制造2025"核心技术

5.3.1 开展"中国制造2025"科技咨询

"中国制造 2025"的目标是"建设一个网络、研究两大主题、实现三项继承、实施八项计划"[138]。科协下设企业科协和各大学会，如电子学会、机械工程学会等，科协服务功能有搭建服务平台、培养高端人才、普及科学技术和服务社会治理等，在这些功能的基础上，科协可以通过为制造业科技人员提供科技咨询，为攻关"中国制造 2025"核心技术贡献力量。科协主要需从以下两方面入手：

一是充分发挥中国科协的人力资源优势，调动科技人才队伍，加强对制造业信息化建设的指导，提供及时的科技咨询[139]。应当集中力量成立针对工业 4.0 专项的咨询小组，要针对整个价值链所有利益相关人提供科技咨询。信息化能力包括观念、知识、技能、系统、数据库、网络、安全、培训等一系列具有战略意义的信息化建设措施，更主要的是让信息软件如 ERP（企业资源计划管理软件）、CRM（客户管理软件）、PLM（产品生命周期管理）、SCM（供应链管理软件）、OA（办公自动化软件）等嵌入企业生产设备与经营管理中去[140]，让信息技术与生产设备深入融合。只有全面实施这些措施的推广应用，才能使制造业降低成本、提高竞争力，才能变"中国制造"为"中国创造""中国智造"，才能实现信息化强国之梦[141]。在制造业推广数字化、网络化、智能化是新一轮工业革命的核心技术，应该作为制造业创新驱动、转型升级的制高点、突破口和主攻方向，应该放在"中国制造2025"的核心位置[142]。

二是要利用中国科协独有的技术资源和社会网络推动工业技术的传播。一方面针对不同类型自发的产学研合作网络或产业研发联盟，要配合政府加强投融资机制创新，通过引导和支持的方式促进其发展，促进政府、企业、金融、社会资金对接[143]。另一方面，要为一些重点行业和关键技术领域提供必要的技术支持，着重推进新能源汽车、智慧照明、机器人、光伏、北斗导航、车联网等产学研用专项，并以行业骨干企业为龙头[144]，联合科研实力雄厚的大学和科研机构，组建多种形式的产学研研发联盟，充分调动各方资源和力量，共同推进"中国制造2025"的技术研发和应用推广。强化制造基础，产品设计能力核心基础零部件/元器件、关键基础材料、先进基础工艺及产业技术基础这"四基"的整体水平很大程度上决定了产品质量的优劣，是提高中国制造品质的基础，应高度重视。因此，应以产业需求和技术变革为牵引、以专业化为方向、以标准化为基础强化中国制造工业基础。同时，大力推广应用先进设计技术，开发设计工具软件，构建设计资源共享平台；制定激励创新设计的政策，由代加工向代设计和出口自创产品品牌转变[145]。

德国工业 4.0 战略

德国工业 4.0 是由德国工程院、弗劳恩霍夫协会、西门子公司等联合发起的，工作组成员也是由产学研用多方代表组成的[146]。它由政府出资，以德国企业、社团组织为资助对象，特别重视中小企业的参与，力图使中小企业成为新一代智能化工业生产技术的创造者和使用者。德国注重产学研各个环节的紧密合作，坚持创新科技和产业相结合，注重相关部门、产业的协调发展，即工业4.0战略是政府部门、科技界、高校和企业界组成的创新战略伙伴关系，旨在促进不同行业组织的跨界合作，促进传统产业的工业化和信息化深度融合，推动工业由加工制造向智能制造转型升级，实现战略性新兴产业和高技术产业的加速发展。

工业4.0战略一经提出，很快得到学术界、产业界的积极响应。事实上，政府支持产学研合作的动机不单纯来自于市场考量，通过产学研合作创新促进竞争往往成为发达国家重要的战略意图。我国应该充分吸收和借鉴发达国家产学研用联合模式，一方面，针对不同类型自发的产学研合作网络或产业研发联盟，政府要通过引导和支持的方式促进其发展；另一方面，选择几个重点行业和关键技术领域进行试点，以行业骨干企业为龙头，联合科研实力雄厚的大学和科研机构，组建多种形式的产学研研发联盟，充分调动各方资源和力量，共同推进技术研发和应用推广[147]。

"中国制造 2025" 背景及意义

一、"中国制造 2025" 的背景

"中国制造 2025" 是中国工程院启动 "制造强国战略研究" 的咨询项目，由中国工程院院长周济亲自挂帅，组织 50 多位院士和 100 多位专家开展调研，提出在 2025 年进入制造强国行列的指导方针和优先行动。同时，工信部、发展改革委、科技部和国资委正在联合编制 "中国制造 2025" 规划，有望于 2015 年年中出台，为把我国打造成现代化的工业强国描绘出清晰的路线图。它将成为 "中国制造" 未来发展的路线图，使得中国到 2025 年跻身现代工业强国之列。这就是中国版的 "工业 4.0 规划"——"中国制造 2025"。

二、"中国制造 2025" 的内涵

"中国制造 2025" 是以建设一批产学研用相结合的制造业创新中心，以产业联盟来推动。具体到对重大工程的分类，主要是包括国家制造业创新中心建设、智能转型、基础建设工程、绿色制造、高端装备创新五大类。预计在 "中国制造 2025" 正式对外颁布之后，将迅速进入工程实施阶段[148]。提高中国制造业的竞争力，就是未来通过持续不断的 "中国制造 2025" 的国家规划与执行，强化信息化管理，以提高制造业 "三效"（效率、效益、效果）、"三力"（创造力、生产力、竞争力）、"三降"（降低成本、能耗、物耗），全面优化产业环境，进而克服 "中国制造" 所面临的困境。

目前中国制造业大而不强，存在的最主要问题是自主创新能力不强，高端技术、核心技术和关键元器件的生产都受制于人，而要成为制造强国，就必须将制造业的数字化、网络化和智能化，作为制造业创新驱动、转型升级的制高点、突破口和主攻方向，并在实施 "中国制造 2025" 过程中占核心位置[149]。

三、"中国制造 2025" 的意义

规划报告预测，我国进入制造强国的进程大概为：2025 年可进入世界第二方阵，迈入制造强国行列；2035 年将位居第二方阵前列，2045 年可望进入包括美、德、日的第一方阵，成为具有全球引领影响力的制造强国。具体目标：制造业增加值位居世界第一；主要行业产品质量水平达到或接近国际先进水平，形成一批具有自主知识产权的国际知名品牌；一批优势产业率先实现突破；部分战略产业掌握核心技术，接近国际先进水平。如果说德国的工业 4.0 是德国在面对美国的信息产业和中国的制造成本侵袭下，试图摸索未来工业生产的途径、重建产业优势的战略选择，那么 "中国制造 2025"，则代表了中国在由制造大国向制造强国转型过程中的顶层设计和路径选择，意义深远重大[150]。

"中国制造" 的升级，与 "一带一路" 及 "走出去" 战略，构筑了一个宏大而立体的国际化链条，旨在构建互利共赢的全球价值链[151]。政府工作报告明确提出，鼓励企业参与境外基础设施建设和产能合作，推动铁路、电力、通信、工程机械以及汽车、飞机、电子等中国装备走向世界[152]。未来的 "中国制造" 将打破产品输出为主的传统出口形态，形成产品、技术、资本全方位 "走出去" 态势[153]。作为推动经济增长的重要动力，制造业的力量不言而喻。

四、"中国制造 2015" 的发展目标

建设一个网络、研究两大主题、实现三项集成、实施八项计划。

1. 建设一个网络

信息物理系统网络。信息物理系统就是将物理设备连接到互联网上，让物理设备具有计算、通信、精确控制、远程协调和自治五大功能，从而实现虚拟网络世界与现实物理世界的融合[154]。CPS 可以将资源、信息、物体以及人紧密联系在一起，从而创造物联网及相关服务，并将生产工厂转变为一个智能环境[155]。这是实现工业 4.0 的基础[156]。

2. 研究两大主题

智能工厂和智能生产。"智能工厂" 是未来智能基础设施的关键组成部

分，重点研究智能化生产系统及过程以及网络化分布生产设施的实现[157]。"智能生产"的侧重点在于将人机互动、智能物流管理、3D 打印等先进技术应用于整个工业生产过程，从而形成高度灵活、个性化、网络化的产业链。生产流程智能化是实现工业 4.0 的关键[158]。

3. 实现三项集成

横向集成、纵向集成与端对端的集成[159]。工业 4.0 将无处不在的传感器、嵌入式终端系统、智能控制系统、通信设施通过 CPS 形成一个智能网络，使人与人、人与机器、机器与机器以及服务与服务之间能够互联，从而实现横向、纵向和端对端的高度集成。"横向集成"是企业之间通过价值链以及信息网络所实现的一种资源整合，是为了实现各企业间的无缝合作，提供实时产品与服务；"纵向集成"是基于未来智能工厂中网络化的制造体系，实现个性化定制生产，替代传统的固定式生产流程（如生产流水线）；"端对端集成"是指贯穿整个价值链的工程化数字集成，是在所有终端数字化的前提下实现的基于价值链与不同公司之间的一种整合，这将最大限度地实现个性化定制。

4. 实施八项计划

工业 4.0 得以实现的基本保障。一是标准化和参考架构。需要开发出一套单一的共同标准，不同公司间的网络连接和集成才会成为可能。二是管理复杂系统。适当的计划和解释性模型可以为管理日趋复杂的产品和制造系统提供基础。三是一套综合的工业宽带基础设施。可靠、全面、高品质的通信网络是工业 4.0 的一个关键要求。四是安全和保障。在确保生产设施和产品本身不能对人和环境构成威胁的同时，要防止生产设施和产品滥用及未经授权的获取。五是工作的组织和设计。随着工作内容、流程和环境的变化，对管理工作提出了新的要求。六是培训和持续的职业发展。有必要通过建立终身学习和持续职业发展计划，帮助工人应对来自工作和技能的新要求。七是监管框架。创新带来的诸如企业数据、责任、个人数据以及贸易限制等新问题，需要包括准则、示范合同、协议、审计等适当手段加以监管。八是资源利用效率。需要考虑和权衡在原材料和能源上的大量消耗给环境和安全供应带来的诸多风险。

总的来看，工业 4.0 战略的核心就是通过 CPS 网络实现人、设备与产品的实时连通、相互识别和有效交流，从而构建一个高度灵活的个性化和数字化的智能制造模式[160]。在这种模式下，生产由集中向分散转变，规模效应不再是工业生产的关键因素；产品由趋同向个性的转变，未来产品都将完全按照个人意愿进行生产，极端情况下将成为自动化、个性化的单件制造；用户由部分参与向全程参与转变，用户不仅出现在生产流程的两端，而且广泛、实时参与生产和价值创造的全过程[161]。

5.3.2 设立工业标准化体系研究专项

科协应当在"中国制造 2025"全面深化到中国制造业领域之际，提出针对它的标准化体系研究专项。高度重视发挥标准化工作在产业发展中的引领作用，及时制定出台"两化深度融合"标准化路线图，引导企业推进信息化建设。着力实现标准的国际化，使得中国制定的标准得到国际上的广泛采用，以夺取未来产业竞争的制高点和话语权[162]。

工业 4.0 标准化体系

工业 4.0 战略的关键是建立一个人、机器、资源互联互通的网络化社会，各种终端设备、应用软件之间的数据信息交换、识别、处理、维护等必须基于一套标准化的体系。为了保障工业 4.0 的顺利实现，德国把标准化排在八项行动中的第一位，同时建议在工业 4.0 平台下成立一个工作小组，专门处理标准化和参考架构的问题。2013 年 12 月，德国电气电子和信息技术协会发表了德国首个工业 4.0 标准化路线图。可以说，标准先行是工业 4.0 战略的突出特点。为此，我国在推进信息网络技术与工业企业深度融合的具体实践中，也应高度重视发挥标准化工作在产业发展中的引领作用，及时制定出台"两化深度融合"标准化路线图，引导企业推进信息化建设。同时，还要着力实现标准的国际化，使得中国制定的标准得到国际上的广泛采用，以夺取未来产业竞争的制高点和话语权。

德国工业4.0战略十分重视产业创新、组织创新与现有制度相冲突的问题。工业4.0一方面增加了管控的复杂性，技术标准的制定需要符合相应的法律法规；另一方面也需要制定相应的规章制度促进技术创新。工业4.0采取了一系列措施以加强制度保障，比如设立处理各类问题的专职工作组，制定和实施安全性支撑行动，建立培训和再教育制度等。我国在推动工业转型升级的问题上，也同样面临制度保障方面的相关问题。因此，非常有必要建立和完善有利于工业转型升级的长效机制，如知识产权保护制度，节能环保、质量安全等重点领域的法律法规，人才培养和激励机制等，从而形成推动工业转型升级的制度保障。

5.3.3　建立中国科协科技评价中心

整合中国科协内部资源，加强对学会人员和专家的培训，加强与政府有关机构特别是科技部、教育部、人社部、国标委、财政部、国家发改委等综合部门的合作。联合对学会的相关专职人员和评估专家进行培训，加强对学会之间的工作研讨，注重经验总结和信息多向流通。

开展长期跟踪，战略评估，提高科协进行评价的能力，建立中国科协科技评价中心，开展对我国重大科技战略决策、科技专项战略评估，发挥智库的作用，确立科协在我国科技体制中的独特作用，为学会开展科技评价工作创造实践的机会。

5.4　整合科协资源服务广大科技工作者

5.4.1　继续推广院士专家工作站深入基层

以院士专家工作站为载体的政产学研用创新平台，是科协在基层实践中摸索、在实际工作中提炼而成的新的政产学研用创新平台。院士专家工作站与企业技术中心、重点实验室、博士后流动站、创新团队等创新平台和载体的相互促进，优势互补，实现更高层面上的政产学研用协同创新[163]。

院士专家工作站

　　院士专家工作站是中国科协围绕提高自主创新能力、建设创新型国家，实施人才强国战略，组织和动员广大科技工作者服务基层、服务企业，推进产学研结合的好创意、好形式[164]，是贯彻落实《国家中长期人才发展规划纲要（2010～2020年)》，发挥组织特色和优势，实施产学研合作培养创新人才政策，推进产学研联合，在实践中集聚、培养高层次人才和创新人才，建设宏大的创新型科技人才队伍的重要举措[165]，是服务经济社会发展，服务企业技术创新的开创性工作[166]。

　　院士专家工作站作为院士及其团队与企业合作的创新平台，是一种合作创新模式，不仅是产学研用协同创新的有效形式，具有无缝对接、双向内生互动、集聚集成、协同协作、长期稳定、互利共赢的特点，对强化企业技术创新主体地位、把更多的创新要素向企业集聚、更好地发挥高端智力的作用都有现实意义。

　　院士专家企业工作站在引入院士、专家等高端人才，促进院士、专家研究团队与企业技术创新团队有效结合，发挥高端人才在企业重大项目研发、高层次人才培养、科技合作与交流等方面起到了巨大作用，搭建了高端智力服务企业自主创新的平台，提高了企业技术创新能力和企业核心竞争力，同时，也大大丰富了"讲比活动"的内容[167]。具体表现在：技术难题迎刃而解、产学研合作巧借外脑，企业科研骨干独当一面。院士专家工作站在职能上已经拓展提升到发展战略咨询、关键核心技术联合攻关[168]、国家重大专项合作承接、高层次创新人才合作培养，真正实现了科技与经济的结合、智本与资本的交融，形成了高效的协同创新系统[169]。

1. 以差异化平台建设促进高端智力为企业量身服务

　　坚持从经济转型升级的需要出发，从企业的实际需求出发，从院士等高端智力的实际情况出发，在实践中不断深化对工作站的认识。浙江科协曾在这个问题上提出了工作站在作用发挥上的"四共"（即院士专家与企业共谋发展战略、共创研发平台、共建人才培养基地、最后实现与企业的共同成长）、"五平台"（即把工作站建设成为引进高端智力的平台、协同创新的平台、战略决策咨询与信息交互的平台、人才培养的平台和成果转化与转移的平台）和开展建站工作的

"七项原则"（即坚持以企业为主体、以需求为导向、以项目为载体、以创新为核心、以产业化为目标、以实质性合作为基石）。这些对工作站的理解和定位，在实践中逐步得到了党委政府的肯定，企业和企业家的认可、院士专家们的认同，为保证工作站成为新的创新平台奠定了扎实基础。

2. 以"大联合、大协作"的工作方式整合协同创新资源

一方面充分发挥科协的组织优势和人才荟萃的优势，积极开展院士专家的联络沟通和企业的调研服务。另一方面，正视科协组织作为群团相对于政府部门的劣势，围绕党委政府的中心工作，主动贴近，主动出击，争取党委政府领导的重视和各部门的支持。在开始启动工作时，主动与省委人才办汇报沟通，并以省委人才办为牵头单位，联合组织、科技、经信、人力社保、财政、教育等部门成立了院士专家工作站建设协调小组，协调小组办公室设在省科协。在工作理念上坚持有作为才有地位。刚开始无专项经费、无专门人员和机构、无政策保障，省科协不等不靠扎实推进建站的各项工作，通过努力实现了工作站从数量到质量上的大提升和大发展，取得了显著的经济效益和社会效益，逐步得到党委政府的认可、肯定和支持。工作站建设的机构人员、经费等方面的保障问题也逐步得到解决。

3. 以"顶层设计、制度建立、完善管理"构建长效机制

全国各地工作站的主管部门、建站方式、管理模式等方面不尽相同。各个省市在认真学习借鉴兄弟省市经验的基础上，结合自己的实际，把工作站的建设作为科协组织围绕党政中心工作服务经济建设的一项长期的重要工作来抓，做到长远规划，整体布局，保障工作站建设的持续有效。在顶层设计上，以协调小组名义下发实施意见到省委省政府，两办联合下发《关于加快推进院士专家工作站建设与发展的意见》，对工作站的重要意义、指导思想、目标任务、政策措施等方面作出全面、明确的规定和要求。在制度建设上，从管理办法到建立完善的评审制度和绩效考核办法，根据工作的进展和站点的发展同步进行制度的规范化建设。在完善管理上，从一开始的协调小组办公室临时机构到成立专门的事业单位，使院士专家工作站建设的日常管理服务经常化。

5.4.2 深化"金桥工程"服务创新驱动发展

金桥工程在科技成果与企业之间架起了"金桥"，作为创新的载体，组织和

发动中国科协系统的学会、基层科协和广大科技工作者，广泛开展技术咨询、技术服务和牵线搭桥等多种形式的促进科技成果转化活动，在科技创新、节能减排、助农增产增效、增加就业等方面发挥了重要的桥梁作用，有力地推进了全国企业的技术进步，促进了经济建设的发展，一方面提升企业技术创新能力，另一方面增强学会服务企业的能力。

党的十八大以来，习近平总书记提出了科技创新的实践路径，强调要加快构建以企业为主体、市场为导向、产学研结合的技术创新体系，加快科技成果向现实生产力转化，推动科技和经济紧密结合。企业强、国家强，反之则反。目前，我国企业国际竞争力不强，主要原因一是其科技创新不足，二是科技与生产脱节。因此，科协不仅要解决科研项目研究的问题，还要研究科技成果应用的问题。

随着社会管理改革的深入，科协要为广大科技工作者提供信息、疏通管理、搭建平台，引导专家学者走向社会、面向市场、深入企业，开展成果转化、科技攻关、项目合作活动。例如，继续打造"千会万企金桥工程"品牌项目，用 3～5 年的时间，组织 1000 个以上的学会，与 1 万家以上的企业开展合作，实现新增产值 1 万亿元以上，切实通过技术合作、成果转化等方式提升学会服务能力和企业创新能力。

5.4.3 探索启动海外人才离岸创业工程

全球经济低迷而中国经济保持稳定增长并着力推进转型发展的形势下，中国对海外人才的吸引力不断增强。当前和今后一段时期将仍是科协引进海外人才的"黄金机遇期"，也是科协开展海外引才工作的"跨越发展期"[170]。

离岸（off-shore）的概念源于国际上离岸公司的实践，主要是指一些国家或地区（多数为岛国）依法划定出政策宽松的离岸法区，投资人在离岸法区注册的公司均不在注册地进行实质业务，但可获得资金运作、税收优惠、注册方便、管理简单、保密性好等便利，而且投资人不用亲临当地，其业务运作即可在世界各地直接开展。海外人才离岸创业基地的设想仅仅是借鉴了离岸公司的理念，旨在创新吸引海外人才的模式，不限时间、不限身份、不限个人或团队、不限华人或非华人，更加灵活、更加便捷，更高水平地吸引所有海外人才进入基地创新创业，从而聚集全球优质创新资源，攻克制约我国经济社会发展的重大技术难题，推动我国战略性新兴产业发展。

随着我国经济的快速发展，科技投入持续增长，技术研发能力不断增强，产业技术装备水平得到提升，完全具备引进、消化、吸收再创新的能力。但同时，我国也面临产业结构调整升级和发展新兴产业的技术瓶颈。现代信息通信技术的发展和应用，使人类交换信息不再受时空的限制，可随时随地沟通复杂多样的信息，形成密切的智力合作关系。人才来华或回国创业受到多种因素影响，尽管我国实施了多个吸引人才的计划并取得了可喜的成绩，但就全球科技人才来说还仅仅是一小部分。所有这些构成了探索离岸创业模式的大背景，也是其意义所在。实现以离岸方式吸引人才来华创业需要研究制定系统的法规政策体系和提供条件保障，重在发挥以下三个方面的吸引力：

（1）创业者（创业团队）不需要改变自己所熟悉或适应的生活和工作状况，并可根据需要随时来华指导；

（2）创业者不需要为实现技术成果转化去建设硬件条件，组织研发团队，筹措运行资金，办理注册登记，进行日常管理等，创业者主要负责指导（领导）总体设计和解决技术问题；

（3）创业者的知识产权会得到严格保护，在创业过程中将得到合理的经费支持，创业成功可获得更多收益，包括股份分配和担任公司高层领导职务等。

综上所述，离岸创业基地要为创业者提供全面的物质、人才、资金等方面的保障，同时要合理平衡创业者和参与各方的利益和关系，形成依法规范各方行为，切实保护知识产权，管理灵活高效的工作体系，取得双（多）赢的效果，达到不求所在、不求所有、但求所用的目的，实现健康持续发展。显然，这是在新的形势下，面向全球，争夺人才，获取先进技术的大胆探索和尝试。

目前，在中国科协领导的推动下和相关省市党政领导的支持下，本着"科协搭台、政府支持、市场主导、试点先行"的方针，先后选定各具特色的上海、深圳、武汉三地进行离岸创业工程基地试点工作，并分别作出以下初步部署如表5-1所示。

表5-1 "海外人才离岸创业基地"试点地区

内容	上海	深圳	武汉
主要目标	以"引才引智、整合资源、创新模式"为主线，围绕创业基本要素的集聚和离岸创业的机制创新，吸引海外人才，推动技术转移，带动产业升级，促进"四新"经济发展，服务科创中心建设	力争在3～5年内打造成为具有国际影响力的海外创新资源汇聚中心、专业化离岸服务中心、创业项目加速中心、国际创客合作中心、海外项目人才储备中心、项目成果发布中心	到2020年，实现"三个100工程"，即网罗和汇集高层次国际知名领军创业人才100名，在世界各国、重要大学、创新园区建设网络节点100个，合作共建离岸创新合作经济体100个

续表

内容	上海	深圳	武汉
组织领导	离岸创业基地建设被纳入市委《大力实施创新驱动发展战略，加快建设具有全球影响力的科技创新中心》调研课题的一号专题，市人才办将离岸创业基地建设工作列入《上海市 2015 年人才工作要点》，列为市科协服务上海科创中心建设的重点工作	离岸基地设立建设领导小组，由中国科协领导和深圳市分管领导担任领导小组组长	省委主要领导同志亲自过问，已纳入督办工作，由湖北省科协牵头，会同湖北省委人才办、省人社厅、省外侨办、武汉东湖高新区、武汉市科协等有关部门参加，建立跨部门协调的工作机制
联合协作	市科协将与有关单位共同研究建设自贸区海外人才离岸创业基地的重点举措，在人才引进、创业孵化、创投融资、产业扶持等方面先行先试，争取国家有关部委支持，对持有外国人永久居留证的人才创办科技型企业给予国民待遇、对符合自贸区特点的高新技术创业企业减按 15% 税率征收所得税、对经认定的人才给予个人所得税政策扶持	设立"深圳新型科研机构联合会"，聚集包括光启研究院、华大基因研究院、国创新能源研究院、圆梦机密制造研究院、初创研究院等具有国际人脉关系和国际业务能力的民办科研机构和服务机构，组成联合体作为离岸基地的工作执行机构	省科协负责中国（武汉）海外科技人才离岸创新创业中心筹建工作组织协调，并承办中心日常具体事务。省委人才办、人社厅、外侨办给予必要的政策扶持和提供便利，武汉东湖高新区负责做好人才、项目落地等先行先试具体工作，武汉市科协参与共建
重点工作	开展离岸创业"伙伴计划"、建设离岸创业网上工作平台、建设离岸创业实体服务平台、发布离岸创业政策指引，依托区内完善的金融服务、科技研发、智能制造、保税仓储等现有功能，凸显"双自联动"政策叠加效应，运用互联网技术，突破物理空间局限和地域阻碍	1. 海外资源渠道建设；2. 海外技术转移专员；3. 挖掘国内科技需求；4. 国际新技术体验展示馆；5. 远程会议系统；6. 项目甄别和评价；7. 项目人才路演；8. 海外人才创新创业大会；9. 国际创客天堂；10. 宣传推广	1. 建设综合信息服务平台；2. 建设基金会；3. 建设离岸创新园区（基地）；4. 建设离岸创新人才在岸活动代理服务机构；5. 开展招才引智系列活动

内容	上海	深圳	武汉
咨询评估	引导科协系统190余个科技社团的专业力量以及各类社会资源,作为创业伙伴,协助离岸创业企业和离岸创业人才的项目、技术或产品,快速进入本土市场或与国内、业内的专业资源对接。借助科协系统和院士专家的力量,提供决策咨询和技术支持服务	通过中国科协及地方科协的网络系统,挖掘国内科技发展需求,形成离岸科技、人才需求信息库,有针对性的赴外对接。通过深圳科协"中国源头创新百人会"与市科协的科技专家库资源共建"离岸基地技术评价体系"	借鉴国际知名的科技类基金会专家库建设的成功经验,建立中国(武汉)海智基金会专家库,多方汇聚国内外高层次科技人才,吸收一定数量的国际评审专家参与,提高基金支持项目评审工作的质量和水平
基地地点	上海自贸区,辐射张江高新区	星河 WORLD	武汉东湖高新开发区未来科技城
经费筹措经费需求	尚未拟定预算	开展上述工作,第一年约需1500万～2000万元。暂无建立基金的考虑	建立基金会,起步阶段募集1亿元资金,争取最终募资额达到10亿元以上

科协开展科技服务物业的关键就是要通过前期的经验积累,找到能够适应经济新常态下促进我国科技人才队伍发展和建设的科学机制。因此,科协通过三个离岸创业工程试点的建设过程,应当及时发现存在的问题,落实解决办法,总结经验,完善制度体系,为不久的将来规模化开展离岸创业项目奠定基础,以期成为促进科协发挥创业孵化服务的主打品牌。

5.4.4　利用科协资源扶持众创空间发展

"众创空间"是为小微创新企业成长和个人创新创业提供低成本、便利化、全要素的开放式综合服务平台[171]。当前,大众创新、万众创业已经成为时代的最强音。促进全民创业创新是我国经济发展现阶段的最迫切要求。"众创空间"的提出,反映了我国目前经济新模式、新业态不断涌现的新局面,为全民创新创业提供了良好的政策环境。

清华大学提出的"群体性创新空间"理论

　　在众创空间提出之前的 2014 年，清华大学提出的"群体创新空间"（GIS）理论，在互联网和制造业现代化的背景下，较为完整地概括了创客空间、创新工厂、创客教育等方面的情况，并提出一套全新的学习模式。GIS 理论认为，众创空间应普遍具有以下特点：一是面向公众群体开放，有些采取会员制，收取部分费用，有些则不收取费用，但都不是私人空间，而是开放空间。二是提供创新活动必需的材料、设备和设施。三是定期提供分享和学习为主导的社交活动，如创新成果和经验的分享以及提供给初学者的入门课程等[172]。

　　中国科协的会员单位由全国学会、协会、研究会和地方科协组成，没有个人会员和创业服务平台类型的组织。为了顺应创新 2.0 时代用户创新、大众创新、开放创新趋势，把握互联网环境下创新创业特点和需求，科协应当考虑吸纳众创空间作为会员单位的新来源，为科协组织增添科技创新的新鲜血液[173]。同时，科协也要利用自身科技资源和人才资源的优势为众创空间提供支持性服务，成为大众创新、万众创业发展新趋势的驱动力。

　　总结创客空间、创业咖啡、创新工场等新型孵化模式的科技服务功能，吸纳这些新型创新主体作为科协的会员单位，成立专门的职能机构来管理它们的创业活动，挖掘它们的创新潜力，结合其功能机制构建一个提供创新创业活动必需的材料、设备和设施的开发空间，促进创新创业趋势发展，形成一批有效满足大众创新创业需求、具有较强专业化服务能力的众创空间等新型创业服务平台[174]，以及孵化培育一大批创新型小微企业，并从中成长出能够引领未来经济发展的骨干企业，形成新的产业业态和经济增长点等系列发展目标。

　　发挥科协的人才资源优势，组织科协会员单位负责人、优秀企业家、天使投资人、海归人才、两院院士成立创新创业导师团，与众创空间共同搭建创新创业交流平台，举办创业沙龙、创业大讲堂、创业训练营等创业培训活动。

5.5　开创新兴融资渠道促进战略实施

　　在资本市场上，小企业不规范程度高，在融资申请时难以达到要求，但小企业的融资需求又是很大的，两者是矛盾的，所以资本市场要包容中小企业的不规范。中小企业要想办法利用外部资金，难点在于解决资本体系不健全和中小企本身缺乏信息和信用，以及信息不对称造成的逆向选择和道德风险问题。

5.5.1 加强科协财政资金战略性引导

通过中小企业发展专项资金，运用阶段参股、风险补助和投资保障等方式，引导创业投资机构投资于初创期科技型中小企业。发挥国家新兴产业创业投资引导基金对社会资本的带动作用，重点支持战略性新兴产业和高技术产业早中期、初创期创新型企业发展。发挥国家科技成果转化引导基金作用，综合运用设立创业投资子基金、贷款风险补偿、绩效奖励等方式，促进科技成果转移转化。发挥财政资金杠杆作用，通过市场机制引导社会资金和金融资本支持创业活动。发挥财税政策作用支持天使投资、创业投资发展，培育发展天使投资群体，推动大众创新创业[175]。

北京市科协与华夏银行就开展战略合作进行洽谈

2015 年 3 月 23 日，北京市科协党组书记、常务副主席夏强，党组成员、副主席田文，中关村天合科技成果转化促进中心（简称"天合转促中心"）主任朱希铎与华夏银行行长樊大志、副行长王耀庭、北京分行行长杨伟等围绕科技金融服务科技创新进行洽谈。

夏强表示，科技服务业是现代服务业的重要组成部分，对于深入实施创新驱动战略发展、推动经济转型升级具有重要意义。北京市科协及所属科技社团是国家创新体系的重要组成部分，承担着联系科技工作者的重任，北京市科协及所属科技社团愿意发挥学科齐全、人才荟萃、专业密集的特点，整合资源，搭建科技成果转化平台，推动科技服务业发展，为北京地区建设全国科技创新中心作出贡献。北京市科协科技成果转化平台搭建在天合转促中心上，将市科协和所属学会的资源对接，通过共建模式，实现科研成果向科技产品和科技产业转化。北京市科协希望能与华夏银行进行合作，发挥市科协的资源优势和银行的金融优势，为优秀大学生创业、科技成果转化等提供科技金融服务。

朱希铎介绍了中关村民营科技企业家协会（简称中关村民协）和天合转促中心的基本情况。天合转促中心汇聚中关村民协 500 位知名企业家、159

个中关村开放实验室和市科协所属208家学会资源，提供科技成果转化服务和科技创新创业服务，希望能够得到华夏银行的支持。

樊大志介绍了银行行业的工作特点和银行投资的重点，并表示愿意与北京市科协一道，在推动大学生创业、科技成果转化的不同阶段提供服务，希望北京市科协为华夏银行的科技贷款项目进行评估提供专家资源，在银行客户技术需求、企业转型升级，实现资源共享等方面进行深入合作。

经洽谈交流，北京市科协和华夏银行达成共识，确定在今年适当的时候签署《北京市科协和华夏银行战略合作协议》，在大学生创新创业、专利成果转化、科技专家资源服务和科技项目资源共享等方面开展合作，共同促进科技成果转化和推动科技金融业发展，为北京建设全国科技创新中心发挥积极作用。

5.5.2 完善科协创业投融资运作机制

科协发挥多层次资本市场作用，为创新型企业提供综合金融服务。开展互联网股权众筹融资试点，增强众筹对大众创新创业的服务能力。规范和发展服务小微企业的区域性股权市场，促进科技初创企业融资，完善创业投资、天使投资退出和流转机制。鼓励银行业金融机构新设或改造部分分（支）行，作为从事科技型中小企业金融服务的专业或特色分（支）行，提供科技融资担保、知识产权质押、股权质押等方式的金融服务[176]。

杭州市创业投资服务中心

杭州市创业投资服务中心（简称创投服务中心）是由杭州市人民政府发起设立，杭州市科技局管理和运行，不以营利为目的，旨在为杭州市乃至全省中小企业投融资提供全方位、专业化、一站式服务的综合性投资服务平台。创投服务中心以"打造创业投资服务平台，促进技术资本高效对接"为宗旨，集聚创业投资机构、担保机构、银行、投融资中介机构等投融资资源于一体，按照"政府引导，企业主体，市场运作"原则，围绕"为项目找资本，为资本找项目"的服务目标，为投融资机构和中小企业提供投融资全过程中所需要的服务[177]。缓解投融资信息不对称问题，打破中小企业的融资瓶颈，推动产业资本、金融资本、技术资本和人力资本有效对接，助推杭州新经济的发展[178]。

创投资服务中心是综合性的投融资服务平台，拥有创业投资引导资金、政策性担保和科技银行作为服务平台的三个重要支撑，逐步形成鼓励扶持企业自主创新的科技金融政策体系，在创新科技金融结合方面取得较大进展，对破解中小企业融资难题，加快资本要素向高新技术产业集聚发挥重要作用[179]。

创投服务中心将力争成为创业创新型企业和创业投资资本共同发展的投融资乐园，实现"集聚、合作、共赢"的目标；成为"立足杭州、面向浙江、辐射长三角"的投融资服务平台；成为长三角南翼金融中心的重要组成部分。创投服务中心主要功能包括融资咨询、项目推介、中介服务、创业辅导[180]。

1. 融资咨询

创投服务中心引入投资机构、银行、担保机构和中介机构上百家[181]，以整体入驻或设立窗口的方式在服务中心设立各投融资机构服务点，为各类中小企业提供融资咨询，为企业发展设计符合企业自身条件的融资解决方案，拓宽企业融资渠道，实现企业快速融资。

2. 项目推介

创投服务中心定期举行项目发布会和对接会，利用政府资源优势，收集、挖掘优质创业投资企业项目源，建设杭州市投融资项目数据库，为投融资机构寻找、筛选、评估和推介具有高速成长潜力的项目。同时也为有投资需求的企业提供集中向创投企业介绍项目和洽谈的机会。创投服务中心与杭州市产权交易所、天津滨海国际产权交易所等达成多方面、多层次战略合作意向，为项目投资提供有效推出渠道。

3. 中介服务

创投服务中心拥有律师事务所、专利事务所、会计师事务所、资产评估公司、投资管理（咨询）公司等各类中介机构会员20余家，为广大中小企业发展提供支持产权咨询、专利申请、知识产权成果转让等全方位服务。

4. 创业辅导

创投服务中心设有"创业导师工作室"、定期开设"创业导师讲堂",邀请杭州成功企业家、杭州市科技孵化器创业导师等专家"坐诊",帮助大学生理清创业思路、完善商业模式。同时不定期开展投融资尝试、税收政策和市场营销等专题讲座,提高创业企业管理能力、经营能力和资本运作能力。

5.5.3 合力搭建综合性科技融资平台

近年来,企业的投融资渠道越来越多、越来越好,虽然其中政府的资助依然很重要,但国外"硅谷银行"模式将银行贷款与风险投资相结合的方式,依然值得借鉴,它使科技型中小企业不仅能较容易的获得债务融资,而且还通过银行找到创业投资或风险投资机构,完善了由 VC/PE[182]、银行贷款、并购资本、上市融资等构成的投融资产业链,通过这个平台企业将获得一站式投融资服务[183]。

科协可以借鉴"硅谷银行"模式,与商业银行开展深入合作,多元化为中小型科技企业拓宽渠道。一方面,科协在解决科技型中小企业的融资难问题要中发挥扶持引导作用;另一方面,金融机构和企业要配合科协创造良好的金融制度环境。科协、金融机构和企业只有共同努力才能营造良好的中小企业投融资氛围,使金融为实体科技服务,促进科技企业良性发展。

硅谷银行模式

一、硅谷银行的发展

总部位于美国加利福尼亚州硅谷地区的硅谷银行是一家完全"硅谷风格"的银行。当初,美国硅谷银行的决策者正是由于看到了创业投资的局限,通过有效的制度创新,终于创立了以支持企业创业、创新为主体的新型金融品——创业金融,并据此形成了世界上第一个商业化运作的创业银行[184]。过去 26 年中,硅谷银行的业务就是集中精力为高新科技产业和创业公司提供各种金融服务。硅谷银行将客户明确定位在受风险投资支持且没有上市的美国高科技公司。客户可以通过硅谷银行的知识经验和网络,在较短时间内融资,初创企业不但能够比较容易地获得贷款支持,还可以通过银行找到天使投资者或者风险资本家,当企业要拓展海外市场网络甚至上市、并购,都可以通过硅谷银行获得资金和咨询服务[185]。

二、硅谷银行创业投资理念

硅谷银行的投资领域侧重于信息与电子技术行业、软件与网络服务行业、生命科学行业,主要向这些领域中高速发展的中小型企业提供资金。既考虑了回报率,也充分考虑了投资组合。1993 年以来,硅谷银行的平均资产回报率是 17.5%,而同时期的美国银行业的平均回报率是 12.5% 左右[186]。这使得它在 16 年后,一跃成为全美新兴科技公司市场中最有地位的商业银行之一。

硅谷银行选择企业遵循的原则是:要有明确的发展方向以及合理的企业定位;有价值、有发展前途的产品或服务,产品、服务的理念符合经济发展趋势;有效的管理结构,能发挥作用,为公司服务;管理层有良好的背景或经验;有合理的发展计划及财务预算;有齐全的财务报表及会计系统。

为了降低风险,硅谷银行规定被投资对象必须是有创业投资基金支持的公司,并寻找更多的创业投资公司来合作。这一要求无疑促使相关联的创业投资基金与银行密切联系,使银行可以进一步了解被投资企业的经营状况,从而降低风险。另外,在确定一家初创公司是否值得提供信贷服务时,硅谷银行会通过各种途径做周详的尽职调查。

三、硅谷银行模式的创新

硅谷银行业务模式创新主要包括投入方式的创新。具体操作上,硅谷银行只从事面向中小科技企业的融资。

首先,硅谷银行突破了债权式投资和股权式投资的限制[187]。对于债权投资,硅谷银行主要表现在从客户的基金中提取部分资金。尽管创业投资的大部分资金来源于债券及股票的销售,但硅谷银行会从客户的基金中提取部分资金作为创业投资的资本,以减少募集资金的数量以及募集所需要的花费。

而后银行将资金以借贷的形式投入创业企业。采用股权投资时，硅谷银行与创业企业签订协议，收取股权或认股权以便在退出中获利。值得一提的是，硅谷银行在投资中往往混合使用两种方法：将资金借入创业企业，收取高于市场一般借贷的利息，同时与创业企业达成协议，获得其部分股权或认股权。使用这种方法的目的在于提高收益，同时降低风险[188]。

其次，硅谷银行模糊了直接投资和间接投资的界限。"直接"投资是指硅谷银行将资金直接投入创业企业，途中不经过创业投资企业；在产生回报时，由创业企业直接交给银行。"间接"投资是指硅谷银行将资金投入创业投资公司，由创业投资公司进行投资，同时由创业投资公司回报给银行，其中创业企业不会与银行有投资方面的接触。与创业投资机构建立紧密的合作关系一直是硅谷银行最重要的策略之一。硅谷银行同时为创业投资机构所投资的企业和创业投资机构提供直接的银行服务，通常它会将网点设在创业投资机构附近。

第6章 科协系统中各层面主体的工作部署

科协科技服务业组织实施的重点任务和重大工程需要细化落实到中国科协、地方科协、学会组织、企业科协和高校科协层面，有利于科协统筹规划科技服务的工作部署。

6.1 中国科协层面

中国科协作为中国科学技术工作者的群众组织，是党和政府联系科学技术工作者的桥梁和纽带，是国家推动科学技术事业发展的重要力量[189]。他的主要业务范围包括科学普及、科技咨询、学术交流等。科协组织要继续致力于促进科学技术繁荣和发展，更好地为经济社会发展服务。要继续致力于科学技术普及和推广，更好为提高全民科学素质服务。要继续致力于促进人才成长和提高，更好地为科技工作者服务[190]。要继续着眼于建设科技工作者之家，当好科技工作者之友，更好地加强自身建设[191]。

6.1.1 实施创新驱动发展战略

根据中共中央、国务院《关于深化科技体制改革，加快国家科技创新体系建设的意见》的要求，中国科协要充分发挥科技社团在推动全社会创新活动中的作用。为了促进经济发展方式的转变，必须实施创新驱动发展战略。要积极建设科技创新服务平台，建立试点区域[192]，引领学会利用现代网络信息技术更好服务于创新驱动发展战略。要积极推进创新驱动助力工程，实施创新驱动助力工程是各级科协围绕中心、服务大局的具体举措，是发挥科协和所属学会科技和人才优势，进军科技创新和经济建设主战场的主抓手[193]。

实施创新驱动助力工程建设。第一，要设计系统的创新驱动助力工程服务方案，加强顶层设计。学会要根据自身和示范区实际情况，通过提前谋划和沟通协调，明确科协系统在国家创新驱动战略中的位置，合理划分与创新主体之间的边界，营造良好的政治环境。确定实施创新驱动助力工程和建立示范区的方向原则、主要内容、组织模式、运行机制、保障措施。第二，统筹规划科协内部系统科技服务创新网络，完善工作体系。学会组织遴选有关全国学会与示范区的需求直接对接，专家实地调研，开展研讨，指导地方科协开展创新驱动助力工程，并对实施过程和实施成效进行监督和评估，创新驱动管理模式。

6.1.2 建设国家级科技思想库

加强科技智库建设是凝聚科技工作者集体智慧服务科学决策、促进民主政治发展的必然选择，科技思想库的基本功能是服务政府决策，引领社会思潮。中国科协要进一步整合科协系统决策咨询资源，建立具有科协特色的科技思想库。中国科协要建设的国家级科技思想库应该是一个功能性思想库，是一个包括学会和地方科协在内的开放系统，应具有灵活性、系统性和层次性等特点。国家级科技思想库是加强科协决策咨询工作的重要抓手，中国科协对开展软科学研究具有独特优势，能够充分体现学会的学术权威性。

国家级科技思想库可以对科研院所、大专院校专家的科研成果进行筛选提炼，形成更多针对性强、有价值的决策咨询建议，建立决策咨询资源库。可以充分发挥科协组织的专业优势和政治优势，把为社会公众服务、为农村企业服务、为科技工作者服务与为决策者服务有机结合起来，促进科技成果和思想与服务企业的深入结合，形成一种立体化的工作格局，大幅度提升科协社会地位，扩大科协社会影响，塑造科协完整的社会形象，引领社会思潮。

6.1.3 优化科普信息传播机制

中国科协要紧跟互联网发展步伐，建立和优化互联网+科普的新型科普信息传播机制。一是要加强科普基础设施的建设，全面推进体验式科普场馆建设。二是要推进科普人才队伍的建设，充分发挥学会组织人才优势。三是要鼓励科技资源整合建设，支持学会、高校院所、企事业单位和特色园区等科普资源向社会开放。

在与传统媒体合作的同时，要充分发挥新兴媒体科普传播作用，推动网络科普移动化、视频化、游戏化、社交化，注重运用微信、微博、APP、微电影和多媒体技术开发优质科普影视作品、网络科普游戏等，建立集实体科技馆、流动科技馆、数字科技馆于一体的科技馆体系，建设中国科学传播中心或中国科普在线视频网站。

6.1.4　开展学术交流质量认证

目前，我国的学术交流活动无论是形式还是内容，大多不被科技界乃至全社会所认可。在我国所有学术会议上发表的论文，都不能成为评定技术职称等级的依据，这是学会学术活动缺乏学术权威性的体现。中国科协应与有关部门协商，并建立认证制度，大力拓展海内外的科技合作，从全国学会入手，对其举办的年会、届会进行认证，经认定的学术交流活动，科技人员发表的学术论文等同于在科技期刊上的发表，从而提高学术交流的质量，促进我国科技水平的提升[194]。

6.1.5　搭建科技成果转化平台

目前我国经济发展已进入新常态，中国科协具有智力密集、信息畅通、网络健全、组织体系完善的优势，还具有同领域、同专业科技工作者十分密集的优势，是科技成果聚集度最高的平台，所以中国科协要运用大数据技术积极搭建科技成果转化平台，促进会企合作、技术诊断和项目对接。会企合作、项目对接等会帮助科协提升自身的影响力、凝聚力、公信力和社会地位。通过会企合作，使各级学会与企业实现科技信息、人才资源、创新成果等方面的共享，使学会的各类专业科技工作者与企业建立起长期稳定的、全面的科技合作关系，有利于提升企业的技术创新能力，发挥企业技术创新的主体作用，促进产业链、创新链的有机结合，打通科技和经济社会发展之间的通道，进而有助于推动区域创新体系的建设，同时树立科协组织作为国家推动科学技术事业发展的重要力量的社会形象[195]。

6.2　地方科协层面

地方科协是中国科协组织的团体会员，地方科协要把关心、支持科协发展当作责无旁贷的重要责任，积极向党委、政府争取政策，促进地方科协自身的发展和服务能力的提升。

6.2.1　储备科技工作人才资源

按照科技服务业发展需求，以院士专家工作站为基础，大力挖掘自主创新人才，加快储备科技工作人才资源，提升科技创新服务能力，增强科技创新服务的协同放大效益[196]。

1. 科技人才资源的储备，以建设院士专家工作站为基础

院士专家工作站是政府推动，中国科协围绕提高自主创新能力、建设创新型国家，实施人才强国战略[197]，组织和动员广大科技工作者服务基层、服务企业，推进产学研结合的理念，以两院院士及其团队为核心，依托省内研发机构，联合进行科学技术研究的高层次科技创新平台[198]。院士专家工作站的建设在引入院士、专家等高端人才，促进院士、专家研究团队与企业技术创新团队有效结合，发挥高端人才在企业重大项目研发、高层次人才培养、科技合作与交流等方面发挥巨大作用。地方科协要加快争取和设立专项经费，加大建设力度，加强与中国科学院、中国工程院的合作，更好地服务于经济社会发展。据相关资料显示，北京市科协已于 2014 年联合市委组织部、市发展改革委、市科委、市经济信息化委、市财政局、市人力社保局、市知识产权局、中关村管委会、市投资促进局十个部门共同出台《加强北京市院士专家工作站建设的意见》，为相关部门、服务中心、建站单位提供具体的政策支持，促进了院士专家工作站建设的可持续发展[199]。

2. 科技人才资源的储备，以挖掘自主创新人才为主线

一是要加大宣讲教育活动，以高校、科研单位，在校研究生、新入职的青年科技工作者、新晋研究生导师等为重点，举办多种形式的科学道德和学风建设宣讲教育活动。二是表彰举荐优秀的科技人才，着力构建具有广泛社会影响力和感召力的人才表彰举荐工作体系，为科技型企业输送人才。三是建设在线学习平台，服务广大会员和科技工作者的知识更新和专业发展。四是组织各类别科技竞赛活动，促进各地方的科技人才培养，提高人们爱科学、讲科学、学科学、用科学的意识。科技竞赛的举办，不仅可以为国家和社会培养出高素质科技后备人才，也可以激发人们学习科学的热情，还可以推动该地区科技教育的普及。科技竞赛的获胜者也能起到带头作用，鼓舞更多学校、老师、青年学生积极投入到科技创新实践中去。

3. 科技人才资源储备，以学术沙龙活动为催化剂

地方科协可以举办内容丰富的学术沙龙，沙龙具有规模小、专业性强、氛围活跃的特点。沙龙内容可以包含多个行业，涉及主题可以是经济发展的具体某一领域。沙龙交流环境轻松、自由，与会科技工作者更能发挥专业技术优势，更能使与会科技工作者的主观能动性调动起来，为产业发展提供更有价值、更加具体的科技建议。参与沙龙的科技工作者可以有当地科协推荐的本地专家学者，还可以有省级学会推荐的专家。他们可以发挥不同的优势，当地专家具有实践经验丰富、具体情况熟悉的优势，省级学会的专家具有理论知识强、全局观念强的优势。通过沙龙这一平台的交流，可以实现专家优势互补、专家结构优化，使得与会专家更加科学合理地建言科技建设。通过系列学术沙龙的举办，最终可为创新学说提供交流平台，为广大科技工作者参与服务经济社会发展搭建平台，为区域经济发展起到积极作用[200]。

6.2.2 推动创新驱动工程开展

地方科协首先要积极配合当地政府收集汇总需求信息，结合当地实际，尽快制订切实可行的实施方案，落实责任、明确任务、建立机制，积极推动建立学会服务站或创新联盟，迅速实施创新驱动助力工程。其次要采取多种形式，动员地方学会和相关组织积极与有关全国学会对接，参与创新驱动助力工程具体项目，提升地方学会服务经济社会发展能力[201]。同时要促进学会与企业之间的对接，要多措并举，提高服务实效。根据学会与各企业的对接情况，及时跟进服务。地方科协要做好与政府的沟通协调，配合中国科协与政府，协调学会与企业双方签订有关合作协议[202]。最后要凝聚起科协系统的整体力量，上下联动，形成地方科协协同推进，各级学会联合互动，使得创新助力驱动工程可以顺利开展。市科协应不断创新工作方式，改变过去传统的工作服务模式，要围绕打通创新资源与大量中小企业的科技需求，探索科协工作一站式、全方位、专业化的新模式[203]。

6.2.3 创新所属学会管理模式

为进一步加强地方科协对所属学会的管理，不断创新社会组织管理的理念和方法，促进地方科技社团的创新发展，提升广大科技工作者服务的水平和能力，地方科协要形成对所属学会的科学评价，进行管理模式的创新[204]。地方科协要正式发布相关文件促进评价考核工作的开展，要在调研的基础上制定对所属学会的评价标准，要对所属学会的组织管理、自身建设、服务经济社会能力等内容进行量化考核。近几年来，甘肃省科协针对部分学会组织内部管理和运行机制不规范，学会的组织机构松散，管理模式、运行方式有待进一步改进的现实情况[205]，按照学会改革的进程起草了《省级学会晋等升级的考核标准和办法》，为后续对学会进行考核评估打下了基础。同时，加强联系，疏通信息渠道，及时更新学会活动信息，充分利用省科协局域网学会工作窗口和建立的省级学会即时通信平台，发布学会活动动态，下发文件、通知，为学会的发展注入活力[206]。

6.3 学会组织层面

学会是科协组织的重要组成部分，是中国科协的主体，是科协的组织基础、职能基础和工作基础，学会的活力反映了科协的活力，学会的功能定位很大程度上决定了中国科协的功能定位[207]。中国科协所属全国学会包括理、工、农、医各个学科以及交叉学科、边缘学科在内的自然科学领域，涉及科学、技术、工程各个方面，而各个学会又是由所在的各个学科、领域的科技工作者构成的。各个学会要围绕科技创新、科学普及、人才成长和科技与经济结合开展各项工作，组织科技工作者积极参与国家科技政策、法规的制定和科学决策、民主监督工作，认真开展科学论证、咨询服务，提出政策建议，促进科技成果转化，为建立技术创新体系、提升自主创新能力作贡献[208]。

6.3.1 加强学会服务品牌建设

各学会要充分发挥其在学术交流中的示范引领作用，全力打造学会自身的良好品牌，努力形成学术活动的规模效应和品牌效应，提升学会的社会影响力。例如，中西医结合学会、中医药学会与河北联合大学科协组织召开的"第五届中匈医学学术论坛"，河北联合大学、市科协承办的"冀苏鲁皖赣五省学会第十六届焦化学术年会"，唐山市抗癌协会头颈肿瘤专业委员会、市医学会耳鼻咽喉科学分会、市人民医院等共同承办的"河北省抗癌协会头颈肿瘤专业委员会第二届学术大会"也都在各自领域取得了显著成效。这些学术交流活动层次高、质量好、影响力大，可为交流学术思想、集聚专家才智、开展建言献策搭起稳固平台，也可以拓展专家们的合作领域，对于提升我国的科技创新和循环经济发展方面必将起到积极作用。

6.3.2 发展智能制造协同技术

中国作为信息技术创新和应用的大国，同时也是全球的制造业大国，在这一轮信息技术和传统工业的深度融合中有非常独特的优势。如果能够抓住这一轮深度融合的机遇，实施创新驱动战略，结合技术创新、组织创新和商业创新，就有可能在以往工业相对落后的情况下实现弯道超车，达到全球制造业的先进水平。学会组织要符合新时期党中央、国务院工作部署和我国各领域科技经济社会发展要求，满足国家创新驱动发展战略的需求，要在推动各领域科技创新、促进科研交流合作、政府决策智库、科技成果转化和产业化等多方面发挥重大作用[209]。

近几年，党和国家从加快构建现代社会组织体制和构建政策扶持体系入手，加大了对社会组织的管理和支持力度。各学会要把握机遇，加快产学研协同发展。紧紧依靠产学研与各学会专家，提高各学会自身的服务创新能力，充分发挥学会在推动全社会创新活动中的重要作用。各学会要促进与产学研用等社会各界的广泛协作和联盟，联合开展科技攻关、共同建立研发平台、合作培养创新人才、促进校企合作，积极搭建科技创新和推广转化的桥梁。

6.4　企业科协层面

企业是科技人员聚集的地方之一，是实现产学研的基础，是技术创新的主体，是建设创新型国家的重要力量。企业科协的发展要服务于企业科技创新的大局，全面落实企业科技创新的部署，充分调动广大科技人员的积极性，凝聚创新合力。在中国科协的历史上，一直高度重视企业科协的组织建设工作，积累了许多好的经验，形成了企业科协良性发展的局面，也为在企业科协层面开展科技服务对接工作奠定了良好的基础[210]。

6.4.1　打造科技创新交流平台

要通过广泛深入的学术交流，促进技术、信息等创新要素的无障碍流动，在研发、技术、工程、管理等各类人员间形成相互激励、互相启发的创新氛围，促进新思想、新创意的不断涌现[211]。要适应当前科技和产业变革的趋势，把集成创新能力作为企业创新能力的重要方面。企业科协要围绕企业产品创新、工艺创新和管理创新，以科技人员协同创新为纽带，把不同领域和方向的创新资源聚集、聚焦到企业核心竞争力提升这一目标上来。特别是要注重跨学科、领域的交叉融合，既要促进企业内部的信息共享，也要加强与企业外部的交流合作，不断拓展科技人员的视野，提升整体创新能力。

科技创新交流平台的搭建有助于加强部门联合协作，推进产学研协同机制创新，是企业科协发挥纽带作用的重要途径。企业科协要在促进企业开展产学研合作方面有更大作为，建立起与大学、科研机构的战略合作伙伴关系。加强企业需求与专业学会的对接，有针对性地提出合作创新的重点，提高协同创新的效率。通过组织创新产品展览会、交流活动、专题讨论会等形式，健全产业科技信息、资源共享机制。

6.4.2 激发科技人员创新动力

企业科协要善于汇集科技人员的智慧，树立典型，激发科技人员创新动力，服务于企业现代创新管理水平的提升。要通过开展"讲比活动"以及形式多样的措施，鼓励科技人员在投身创新发明中体现自身价值，形成创新为荣的价值导向和激励取向，为"小人物"脱颖而出创造条件。通过工程师资格认证、继续教育等渠道，加大对青年科技人员的激励，使他们跟上并引领创新潮流，使干中学、用中学、终身学习成为企业人才成长的有效机制。要采取多种方式，征集咨询建议，鼓励科技人员为企业确定创新战略、布局主攻方向，出谋划策，以更多的"软成果"服务于企业发展战略和标准制定等重大工作，促进科技人员的智慧转化为企业的专利、标准和创新产品。

6.5 高校科协层面

高校承担着教学、科研、人才培养和社会服务四项职能，作为中国科协及各地方科协的基层组织，高校科协是科协组织的重要组成部分。近年来，高校科协发展比较迅速，是国家发展科学技术事业的重要社会力量，为我国建设创新型国家、构建和谐社会作出贡献[212]。截至 2012 年年底，我国高校已经聚集了 134 万人左右的科技工作者，而且是较高层次的科技工作者，其中拥有高级专业技术职务的人数达到 29.8 万人，占高校科技工作者总数的 22.18%。因此，深刻认识当代科技发展趋势，了解科技发展规划和国家科技政策，是高校科协服务国家战略的重要前提，是组织学术交流、开展科技创新和科技普及等活动的重要前提，也是高校科协参与创新型国家建设的重要切入点[213]。

6.5.1 健全高校科技服务体制

高校科协应该以中国科协章程为指导思想，在各级党政机关、政府部门、省市区等上级有关部门和各级地方科协的领导下，重视和加强组织建设，把实行会员代表大会制度作为科协组织建设的重要内容。在组织体系中鼓励大学生成立大学生科协，研究生成立研究生科协，把退休教师组织起来组成老教师科协。把大学生科协、研究生科协和老教师科协作为高校科协的一个团体会员，对其工作加强指导[214]。可以组织成立高校科协联盟，搭建高校科协科技成果转化平台等[215]。

在内部机制方面，高校科协秘书处要定期向广大会员公开有关科技服务工作事项，接受会员的监督，同时征求对下一步工作的意见和建议，提高工作的成效。高校科协要落实会员代表大会对科技服务工作的决策重要性。

在管理体制方面，高校党委要创新本校科协科技服务工作的领导模式，明确其职能、地位和作用，将科协工作列入学校整体工作目标，加以管理和考核，要加强对科协工作的关心和支持，使科协与工会、团委等群众团体有同等的地位和待遇。

在工作定位方面，由于高校科协是学术性群众团体，其工作方式和方法应该与工会和团委等其他群众性团体不一样，开展活动要注重学术性。在学术交流、科普教育方面，高校科协要贯彻"错位选择"原则，尽量与高校科技处或科研处工作重点不同，要有科协自己的特色，形成优势互补、分工合作的工作局面，促进科技成果转化。

6.5.2　提高信息技术管理水平

随着信息技术的飞速发展，信息化已成为现代社会发展的重要标志，未来能否有效运用信息技术手段开展科协各项工作将成为高校科协管理水平高低的重要标准，未来理想的高校科协组织应具备网络化和多极化的特点。各高校科协应该以网络平台建设为基础，以信息资源建设为核心，以服务科技工作者为宗旨，在科协全委会的领导下，建立基于网络的科协管理系统，并由科协秘书处或办公室负责日常的维护和管理；要建立并完善高校科协的组织建设、工作机制和标准规范体系，建设服务于高校科技工作者的信息资源服务体系。

在信息爆炸的时代，网络信息系统已经被广泛应用于各行各业中，邮件系统、社交软件、通信工具（如微信、QQ、飞信）等在日常的工作生活中发挥着重要作用。未来高校科协组织中的管理干部必须熟练运用现代通信手段，通过邮件系统、短信群发系统组织高校科技工作者积极开展和参与各种形式的科协活动；要在传统活动的基础上创新活动形式，通过科协微博、通信工具等新手段向民众进行科普教育。信息时代的高校科协组织采用立体网状的扁平结构，主体是基于网络的信息平台建设，建立高校科协网络宣传平台、信息资源服务平台、技术支撑平台，提高高校科协工作的开放性、社会影响和高校科技工作者的参与程度，提高工作效率，增强工作效果。

第7章 促进科协科技服务业发展的政策建议

科协发展科技服务业应当加强顶层制度设计，坚持发展与规范相结合，坚持培育与监管相结合，注重政策推动与试点探索相结合；重点在组织协调、项目带动、监督评估和环境优化方面有所突破和提升。

7.1 积极承接政府转移职能，建立健全支撑政策体系

通过各种机制全面提升学会承接政府转移职能的能力，积极推进政社分开，理顺政府与社会关系，不断完善学会的内部治理结构，加强学会能力建设。要全面提升学会能力，打造能负责、能问责的现代科技类社会组织，进一步发挥学会的组织优势、人才优势和独特作用，更好地服务科技体制创新，更有效地参与社会治理创新[216]。把加快发展科技服务业作为一项重大而长期的战略任务抓紧抓好，要转变观念，深入研究，克服重生产轻服务的观念[217]。

在认真总结，仔细、全面梳理出科协能够承接、应该承接、希望承接的职能的基础上，科协应该积极与有关职能部门联络协调，建立有效沟通机制，争取承接更多适合学会承接的政府职能[218]。推进科协有序承接政府转移职能，一定要先行先试，条件成熟后再逐步推进，并借鉴试点总结成熟经验，推进更多科协承接政府转移职能。重点选择自主发展实力较强的学会进行试点，利用试点的契机，理顺政府与科协之间的责任与权力边界以及两者的关系。

呼吁政府部门要为科协科技服务业发展创造更为宽松的环境，为其作用的发挥提供更为广阔的空间。由科技部牵头，有关部委和单位参与，出台一系列配套改革措施。其中，与政府转移职能有关的内容，包括加强科研机构评价工作、加强科技中介服务体系建设、完善国家科技决策咨询制度、制定第三方评估机制，出台国家科技计划评估管理办法、重大产出导向科技评价体系、组建产业技术创新战略联盟、促进科技成果转化、修订《国家科学技术奖励条例》、完善科技奖励体系等。与此同时，加强配套体制改革，加快推进现代社会组织体制构建，建立健全与政府转移职能相适应的法律法规，建立承接职能的资质标准，规定准入门槛；完善财政预算和税收制度，财政、税收等相关部门为学会承接政府转移职

能提供扶持政策和专项支持，合理减免税收，为学会拓展功能提供条件。

7.2 明确科协组织自身定位，完善前期战略规划方案

当前，随着新一轮改革的开启，科协科技服务业发展面临着很多机遇与挑战。调查显示，科协在新的形势下功能与角色定位在逐渐转化，参与社会治理、提供社会服务的功能逐渐凸显，政治功能则进一步弱化。科协要想因时而动、切时所需，抓住发展机遇，就必须对自身的定位认真进行研究，力求找准定位，做好战略规划，才能把握自身优势，在社会治理、经济社会转型发展中发挥更大作用。

科协组织，特别是所属的学会，主要活动于国家与社会的交集。站在发展的角度观察，科协的定位有向社会一端不断迁移的趋势。但从另一侧面观察，"科学无国界，但科学家有自己的祖国"，学术虽然具有普世性、超国家性，但一个国家科技学术的发展却与其本国的科技工作者素质息息相关。在这个意义上说，科协的定位虽然主要落在社会之内，但其与国家的联系却不能割舍，科协在社会化发展的同时也要融入国家创新体系，为国家发挥智库的功能。科协定位向市场方向的发展则需更加审慎，不能因为过于强调市场化、商业化而损害科协所固有的互益性以及应当追求的公益性。

科协在明确自身定位时，应立足于自身在学术交流、科学推广和理论研究方面的优势，做自己真正擅长的工作，必要时可与其他相关主体（如行业协会、企业、科研院所）等合作，共同参与创新过程。

7.3 建立综合监督评价体系，透明公开科技服务平台

在科协组织转移政府职能、发展科技服务业的过程中，必须加强对各地科协和各级学会的监督和评估，建立科协承接发展科技服务业的资质标准和规范；联合相关部门建立信誉评价体系，健全评价机构和评价专家的信誉制度；规范发展科技服务业的程序，出台包括申报、预算、采购、监管、评价等环节的工作机制[219]；建立健全信息公开制度，制定购买预算，向社会公开发布服务需求信息和资金预算信息；提高监控技术，建立严格、专业、多元的监督机制[220]，发展独立专业多元的外部监督机制，发展独立的第三方监督机构，如会计事务所、审计事务所等，发挥媒体监督、公众监督和专家监督的作用；完善内部监督机制，建立服务项目实施的动态管理与动态监督机制，及时发现问题、追究责任、采取

补救措施降低风险[221]；建立严格、专业、多元的绩效评估机制，创建开放性的评估系统，健全绩效评估多元主体参与机制；加强信息公开，建构一个程序透明、过程开放、公众广泛参与的科技服务平台[222]。

7.4 借助科协组织资源平台，充分发挥国家智库功能

中国科协作为党联系科技工作者的桥梁纽带，能与学会保持顺畅地沟通，也有能力与政府各职能部门建立起长效沟通机制。中国科协在国家社会治理体系中能够发挥人民团体作为枢纽的作用，形成集中反映学会需求、统筹学会发展的平台。学会承接政府转移职能，应充分利用中国科协这一平台的协调功能，主动与相关部门协调配合。学会作为科技工作者之家，有能力整合智力资源。学会发挥智库作用，应充分利用中国科协这一平台的渠道功能，发挥专业优势，形成智力成果，建言献策，参与改革进程。

7.5 各级单位协同联动发展，推动工作平稳有序进行

在科协科技服务体系的建设过程中，中国科协、各有关全国学会和地方科协可采取协同配合、规范发展、强化服务、宣传表彰等多种方式进一步推动工作有序进行。

注重协同配合，做好规划。加强同地方党委、政府相关职能部门之间的沟通联系与协同配合，切实发挥各级学会联系机构和专家广泛的优势，有针对性地开展人才和项目对接，为地方引进人才、智力提供支撑，做好创新驱动助力工程服务方案以及示范区管理制度的制定与实施，共同推动科协科技服务体系长效发展。

力求合理布局，稳步推进。根据实际情况制定科协科技服务体系管理办法或实施意见，明确责任、措施和流程，保护学会有关专家的知识产权，合理设置科协科技服务体系阶段性目标，合理设置示范区建设标准和工作进度安排，有序推进，提高实效。

增强服务意识，突出特色。中国科协发挥学科齐全、联系广泛的优势，将服务学会能力提升和服务地方经济社会发展有机结合，搭建好平台，做好服务。全国学会加强与院士专家和地方政府的双向沟通，发挥学会引领学科发展前沿的优势，及时了解最新科研动态和需求，提供科技特点突出、学会特色鲜明的服务，提高服务的时效性。

多方共同推动，协作共赢。由中国科协，地方政府、企业三方共同推动，形成长效机制。采取以奖代补方式，引导设立科协科技服务体系示范区；采取购买服务方式，鼓励所属全国学会承接地方政府关于产业升级、规划设计等重大、综合需求项目；联合设立转化基金，开展技术开发、标准研制、技术诊断、人员培训等项目。

促进上下联动，形成合力。各地方科协可参照中国科协科技服务体系的发展思路、基本原则和重点任务，结合本地经济社会发展实际，广泛参与到科技服务业的发展当中，探索新经验，总结新模式，丰富科协科技服务体系的工作内涵，形成上下联动、合力推进的工作格局。

参 考 文 献

[1] 田延彬, 于涛. 如何提高济南市科技服务机构服务水平及发展战略. 科技视界, 2015, (1): 383.

[2] 韩鲁南, 等. 国内外科技服务业行业统计分类对比研究. 科技进步与对策, 2013, 30 (9): 48-53.

[3] 陈春明. 黑龙江省科技服务业发展研究. 黑龙江社会科学. 2014, (3): 56-59.

[4] 韩鲁南, 等. 北京市科技服务业发展环境分析及对策研究. 科技进步与对策. 2013, 30 (6): 25-29.

[5] 沈金荣, 等. 科技服务业分类研究综述. 科技与创新. 2015, (8): 1-3.

[6] 程梅青, 杨冬梅, 李春成. 天津市科技服务业的现状及发展对策. 中国科技论坛. 2003, (3): 70-75.

[7] 梅强, 赵晓伟. 江苏省科技服务业集聚发展问题研究. 科技进步与对策, 2009, 26 (22): 74-76.

[8] 杨欢欢. 科技服务业——河南第三产业发展的新动力. 科技创业月刊, 2008, (4): 13, 14.

[9] 陶幸光, 季春. 加快我国科技服务业发展的对策研究. 江苏科技信息, 2009, (2): 20-23.

[10] 王吉发, 徐泽栋, 郭楠. 科技产业园区服务业发展研究——以辽宁省葫芦岛市泵业园区为例. 中国市场, 2014, (50): 66-70.

[11] 张晋. 论科技中介服务业的产业特征. 科技情报开发与经济, 2009, 19 (33): 62-64.

[12] 刘锋. 科技中介的几个基本问题研究. 学术动态, 2007, (4): 25-30.

[13] 葛育祥, 忻国能. 面向科技服务型企业的信息能力研究. 科技进步与对策, 2011, 28 (22): 123-127.

[14] 王小绪. 长三角地区科技服务合作体系的构建研究. 科技与经济, 2014, (6): 106-110.

[15] 张瑞星, 张虎, 江武. 后危机时代安徽省科技中介服务业发展研究. 科技信息, 2011, (11): 156, 157.

[16] 关峻. 复杂社会网络视角下产业集群发展的投入产出结构分析. 科技进步与对策, 2014, (7): 54-59.

[17] 李森. 正确认识中国科协的功能定位. 科协论坛, 2014, (3): 39-43.

[18] 中国科学技术协会–国内智库. http://www.techcn.com.cn/index.php?doc-view-60969 [2015-03-18].

[19] 柳会祥, 李江华, 马向阳. 围绕中心与时俱进开创高校科协工作新局面. 湖北省学会创新发展理论探讨会论文集, 2010: 47-49.

[20] 李浩, 徐欣, 邵笑冰. 科技服务业中的群众路线问题及简析. 中小企业管理与科技旬刊, 2013, (9): 145-147.

[21] 徐志坚．科技引领产学研万众创新促发展．中国科技产业，2015，（1）：F0002．

[22] 郑霞．若干区域科技服务业发展评述．科技管理研究，2009，（5）：209-212．

[23] 关峻．复杂社会网络视角下产业集群发展的投入产出结构分析．科技进步与对策，2014，（7）：54-59．

[24] 中国科学技术协会–国内智库–科技中国．http：//www．techcn．com．cn/index．php？doc-view-60969［2015-03-18］．

[25] 苏青，陈广仁，齐志红，等．中国具有重大影响的50项科技事件（下）．科技导报，2008，26（14）：19-28．

[26] 刘赞杰．树立"双为"理念认真履职尽责．工会信息，2015，（9）：13-15．

[27] 中国科协．学会承接政府职能承接的是服务不是权力．中国科协学会学术部，2015．

[28] 张琼，郭文超，王芳，等．学会在建设创新型新疆中作用的对策研究．科协论坛，2014，（9）：15-18．

[29] 黄涛珍，杨冬生．科技社团承接政府转移职能的路径研究——以江苏省为例．南京政治学院学报，2015，（4）：38-41．

[30] 徐文海，等．学会在政府职能转移中的角色扮演．学会，2013，（10）：36-40．

[31] 范召全．论新时期中国社会组织的政府合作依赖．社会工作，2014，（6）：49-56．

[32] 蔡永礼，万伏牛．加强科技智库建设提高决策咨询服务能力——河南省科技智库建设研究报告．科协论坛，2014，（12）：34-38．

[33] 覃莹，郭寿良．新型高校智库建设需要把握的几个问题？教师教育学报，2015，（1）：85-91．

[34] 韩启德．中国科协八届全国委员会第七次会议工作报告．科协论坛，2015，（1）：4-8．

[35] 本刊讯．2015年中国药学会产学研与创新工作委员会会议在京召开．中国药学杂志，2015，（5）：412．

[36] 王建国．促进科协组织参与社会管理的对策研究．湘潭大学学位论文，2013．

[37] 郑巧一．关于我国海外高层次人才引进的思考．河南教育（高教版），2015（6）：3-4．

[38] 浦义俊，吴贻刚．近五年我国体育发展方式转型研究热点与进展．浙江体育科学，2015，37（1）：8-13．

[39] 郭川，鲁萍丽．高新技术民营企业在变革中创新——广东四会互感器厂有限公司积极开展"讲理想、比贡献"活动．科技创新与品牌，2011，（11）：56-58．

[40] 窦中达．"6·18"深化闽台项目对接．海峡科技与产业，2013，（7）：7，8．

[41] 王佩亨，等．海外引才如何深入推进——关于我国引进海外高层次人才的工作进展、成效与推进对策的调查与思考．中国人才，2012，（5）：34-37．

[42] 陈广仁．《国家中长期人才发展规划纲要》志高意远．科技导报，2010，28（12）：118-119．

[43] 侯波．新时期科协组织服务企业创新的对策研究．科协论坛，2011，（12）：38-40．

[44] 李朝晖，任福君．我国科普基础设施建设存在的问题与思考．商场现代化，2011，36

（2）：17-21.

[45] 宋南平．实施好"科普惠农兴村计划"助社会主义新农村建设．科协论坛，2006，（12）：19-21.

[46] 杨根生，等．科技社团承接政府转移职能调研报告．中国科协学会学术部，2014，（12）：29-40.

[47] 陈希．在中国科协学会工作会议上的讲话（摘要）．中国科协学会学术部，2012，（4）：4-11.

[48] 韩晋芳，夏婷．学会参与社会治理的制度障碍．中国科协学会学术部，2014，（10）：15-22.

[49] 王建国．促进科协组织参与社会管理的对策研究．湘潭大学学位论文，2013.

[50] 山高，未来．《中国机电工业》执委名片．中国机电工业，2015，（7）：112-114.

[51] 张雄．武汉科技服务中介创新体系研究．华中科技大学学位论文，2004.

[52] 裴琪．韩国、香港生产性服务业发展经验及启示．科技管理研究，2010，（12）：150-152.

[53] 李欣．上海市科技中介服务体系的系统分析．上海交通大学学位论文，2007.

[54] 赵伟．美国区域创新体系研究．大连理工大学学学位论文，2006.

[55] 朱桂龙．彭有福．发达国家构建科技中介服务体系的经验及启示．科学学与科学技术管理，2003，24（2）：94-98.

[56] 曹丽燕．发达国家建设科技服务体系的经验．科技管理研究，2007，（4）：63-64.

[57] 司徒唯尔，席与亨．我国与发达国家技术转移机制比较研究的启示．知识经济，2010，（13）：12，13.

[58] 《新东方》编辑部．创新型发达国家的创新经验启示．新东方，2006，（3）：4-6.

[59] 曹丽燕．发达国家建设科技服务体系的经验．科技管理研究，2007，27（4）：63-64.

[60] 程琦．我国科技中介组织的管理模式研究．华中科技大学学学位论文，2006.

[61] 白景美，宋春艳，王树恩．试析战后日本技术创新政策演变的特点及启示．科学管理研究，2007，25（2）：117-120.

[62] 张雄．武汉科技服务中介创新体系研究．华中科技大学学学位论文，2004.

[63] 吴作伦．德国技术转移中心的考察和思考．研究与发展管理，2004，13（1）：62-65.

[64] 孙晓红．德国是如何实施中小企业创业援助的？苏南科技开发，2003，3（6）：14-16.

[65] 黄静波，孙晓琴．英法德的创新体系与科技服务．广东科技，2013，19（19）：44-53.

[66] 侯水平．知识产权助推产业发展的十条国际经验．经济问题，2013，11（11）：11-17.

[67] 余晓．英国的科技中介服务机构．全球科技经济瞭望，2004，11（2）：38，39.

[68] 康华．英国服务业现状和发展趋势．全球科技经济瞭望，2001，（12）：34-37.

[69] 王明亮．新疆兵团科技中介服务体系发展研究．中国农业大学学位论文，2005.

[70] 奚淼．基于科技查新课题指标分析的安徽省科技发展对策研究．安徽大学学学位论文，2012.

[71] 曾三．重庆市现代服务业的现状及发展对策研究．重庆大学学学位论文，2008．

[72] 刘婧．服务业发展的国际经验及启示．商业时代，2006，(17)：14，15．

[73] 向永泉．新加坡现代服务业发展及对我国的启示．财经界：学术，2010，(3)：50，51．

[74] 徐嘉遥．抚顺市服务业发展研究．大连海事大学学学位论文，2011．

[75] 赖志军．佛山市科技服务业发展战略研究．吉林大学学学位论文，2008．

[76] 胡建梅．论教育法律救济在教育中的作用．价值工程，2011，30 (31)：166，167．

[77] 吕捷．邯郸市产品质量状况及对策研究．天津大学学学位论文，2009．

[78] 课题组．杭州市科技服务业发展现状及"十二五"发展设想．杭州科技，2010，(6)：36-38．

[79] 赵三武，孙鹏举．关于开展科技服务业统计的基础问题探讨．科技管理研究，2014，(3)：209-213．

[80] 李丽．国内外科技服务业发展中政府作用及对广东的启示．科技管理研究，2014，34：(6)．48-53．

[81] 王树文，钟巧玲．我国现代科技服务业发展中政府管理创新研究．当代经济，2010，(2)：82，83．

[82] 佚名．科技服务业创新模式研究基于第三方的技术经纪全过程模式．华东科技，2014，12 (5)：69-73．

[83] 辛玉琛．支持科技服务业发展的财税政策研究——以天津科技服务业为例．时代金融旬刊，2014，(2x)：179，180．

[84] 宁凌，王建国，李家道．三省市科技服务业激励政策比较．经营与管理，2011，(5)：44-47．

[85] 福科．福建省出台促进科技服务业发展八条措施．军民两用技术与产品，2015，(9)：9，10．

[86] 黄润洪．事业单位会计的审核探究．会计师，2012，(6)：58，59．

[87] 杨南粤．促进科技服务业发展方法与措施——培养科技服务业人才．建设有产业特色的职业教育．经济研究导刊，2011，(18)：132-134．

[88] 朱小群．科技服务业如何迎接政策春天．法人，2014，(9)：6，7．

[89] 郭铁成，龙开元．转变发展方式需要优先发展科技服务业．红旗文稿，2013，(12)：21，22．

[90] 陈敏仪．私分国有资产罪若十问题研究．法制与社会，2009，(32)：99，100．

[91] 李小林．传承历史再铸辉煌续写民间外交事业新篇章——在中国国际友好大会暨中国人民对外友好协会成立 60 周年纪念大会上的讲话．友声，2014，(6)：7，8．

[92] 本刊记者．中国人民对外友好协会成立 60 周年系列纪念活动举办．友声，2014，(2)：2-6．

[93] 张宝其，等．推进大数据分析应用加快创新型城市建设．中小企业管理与科技旬刊，2014，11：312．

［94］隗斌贤．科技社团推动全社会创新的作用与途径．今日科技，2012，12：7-10.

［95］何真．协同努力创新发展全面开创学会科技服务工作新局面．广东科技报，2014，（6）：7-25.

［96］张瑶，刘辉．基于云计算的数据挖掘平台架构及其关键技术探讨．电子技术与软件工程，2015，5：218.

［97］邹佳利．基于云计算的科技资源共享问题研究．西安邮电大学学学位论文，2013.

［98］陶贤都．分化与融合：互联网环境下科技传播的变革与创新策略．科技传播，2014，（20）：116-118，123.

［99］"互联网+"升级两化融合工业互联网或成政策新风口．设计，2015，（8）：148.

［100］吴东．工业4.0下的制造业新增长范式．北大商业评论，2015，（8）：22，92-97.

［101］吕力，李倩，方竹青，等．众创、众创空间与创业过程．科技创业月刊，2015，10：14，15.

［102］郭涛．众创空间如何激励创新创业？中国高新技术产业导报，5.

［103］张宝其，等．推进大数据分析应用加快创新型城市建设．中小企业管理与科技（上旬刊），2014，11：312.

［104］王学琴，等．大数据驱动科技信息资源市场化开发利用．中国科技信息，2015，（5）：29，30.

［105］冯雅蕾．基于网络平台的科普资源的利用与开发研究．重庆大学学学位论文，2012.

［106］白振宇．基于大数据支撑的京津冀科技成果定制服务模式．天津经济，2014，（10）：20-22.

［107］黄利琴．促进我市科技成果转化的若干思考．宁波通讯，2014，（7）：21，22.

［108］王晓莉，张洪普．天津市科技成果转化的现状研究．企业技术开发，2012，（5）：10-11，15.

［109］李欢．大数据背景下科技管理创新平台构建研究．科学管理研究，2014，（3）：44-48.

［110］赵玉兰．电子病历一卡通系统的研究．哈尔滨理工大学学学位论文，2007.

［111］任强．地方高校智库区域特质的形成机理与发展路径——以湖州师范学院农村发展研究院为例．湖州师范学院学报，2014，（12）：20-23.

［112］王文．真正的中国智库热还没到来．对外传播，2015，（3）：49，50.

［113］杨三喜．智库是什么？中国青年，2015，（9）：5-7.

［114］佘惠敏．手机科普更鲜活．经济日报，2015，（5）：7-11.

［115］邵喜梅．微信传播对科普工作的助推作用研究．创新科技，2015，（6）：50-53.

［116］中国科协与腾讯签署"互联网+科普"合作协议．科技导报，2015，（10）：119.

［117］王延飞．科协组织要在服务大众创业万众创新中奋发有为．科协论坛，2015，（10）：13-15.

［118］马丽萍，王海波．以科普活动为载体促进学生科学素养的提高．科技视界，2015，（14）：37-61.

[119] 孔庆华,曲彬赫.科普信息传播与科协网络媒体.科技传播.2009,(2):71-72,80.

[120] 黄雁翔.武汉地区科普志愿者发展情况与对策研究.科普研究,2015,(2):51-60.

[121] 曲彬赫,冷盈盈.新媒体时代的科普信息传播.科协论坛,2011,(3):46-48.

[122] 王鹃,陈敬全.借鉴国外科普创作经验 更新科普创作理念.中国科普作家协会2009年论文集,2009.

[123] 谢小军.内容待更新原创须加强.大众科技报,2010,(10):1,2.

[124] 陈鹏.新媒体环境下的科学传播新格局研究.中国科学技术大学学学位论文,2012.

[125] 潘津,孙志敏.美国互联网科普案例研究及对我国的启示.科普研究,2014,(1):46-53.

[126] 武丹.互联网科普发展初探.中国科普研究所.科普惠民责任与担当——中国科普理论与实践探索——第二十届全国科普理论研讨会论文集.中国科普研究所,2013,(5):507-511.

[127] 乔冬梅,杨舰,李正风.基于互联网的科技规划咨询系统.科技进步与对策,2007,(1):1-4.

[128] 崔永华.基于WebServices构建科技规划咨询系统.情报杂志,2008,(1):72-75.

[129] 曲彬赫,冷盈盈.运用大众传媒开发科协信息资源.科协论坛(上半月),2009,(6):43,44.

[130] 李双斌.Web2.0在科协网站建设中的应用模式研究.科技传播,2010,(4):45-48.

[131] 薛品,何光喜,张文霞.互联网新媒体对科学家公众形象的影响初探.科普研究,2014,6:19-24.

[132] 赖晓南.基于互联网思维的科技服务生态微系统.高科技与产业化,2015,(3):98,99.

[133] 李家深,等.运用互联网思维构建科技服务业新业态的必要性与可行性分析.企业科技与发展,2014,(15):8-10.

[134] 袁洁.移动互联网时代的科普App与科学传播.科技传播,2014,(20):153-155.

[135] 张荣科,崔薇.新媒体与基于公众的科技传播之实践探析.科技传播,2009,(2):78-80.

[136] 莫扬,王培志.手机报科技传播的现状与发展对策.新闻爱好者,2011,(8):4,5.

[137] 王培志.手机报科技传播发展研究——以中国移动手机报为例.科普研究,2011,(1):38-43.

[138] 陈渊源,吴勇毅.工业4.0:智能制造决胜未来.上海信息化,2014,(12):34-37.

[139] 董国栋.德国:"工业4.0"战略的先行者.杭州科技,2014,(6):38-42.

[140] 陈渊源,吴勇毅."中国制造2025"对垒德国工业4.0.进出口经理人,2015,(3):26-28.

[141] 陈渊源,吴勇毅.遭遇空前压力."中国制造2025"如何破蚕解题?信息与电脑,2015,(1):62-67.

［142］许颖丽．从"两化融合"到"中国制造 2025"．上海信息化，2015，(1)：24-27.

［143］罗文．德国工业 4.0 战略对我国推进工业转型升级的启示（节选）．可编程控制器与工厂自动化，2014，(9)：36-39.

［144］李斌，裴大茗．关于军工企业协同创新的思考．军工文化，2015，(5)：76-78.

［145］罗文中国电子信息产业发展研究院院长．德国工业 4.0 的中国启示．中国经济时报，2014.

［146］罗文．德国工业 4.0 战略对我国推进工业转型升级的启示（节选）．可编程控制器与工厂自动化，2014，(9)：36-39.

［147］裴长洪，于燕．德国"工业 4.0"与中德制造业合作新发展．财经问题研究，2014，(10)：27-33.

［148］降蕴彰．"中国制造 2025"规划出炉前后．经济观察报，2015，4.

［149］杨明．以智能制造作为突破口创新驱动产业转型升级．中国工业报，2014，11.

［150］马岩，夏子钧，李博．德国工业 4.0 的启示与中国木工机械制造 2025．林业机械与木工设备，2015，(8)：4-9.

［151］2015 年政府工作报告中的 21 条建筑行业"干货"．现代物业（上旬刊），2015，(2)：47.

［152］加强质量、标准和品牌建设加快向制造强国转变——《2015 年政府工作报告》十二大"亮点"．中国品牌，2015，(3)：16，17.

［153］本刊据《人民日报海外版》、《上海证券报》等综合整理．从"中国制造"到"中国制造 2025"．商周刊，2015，(6)：14-16.

［154］陈渊源，吴勇毅．构建工业 4.0 的"智造"平台．中国冶金报，2014，11.

［155］龚勤，董国栋．工业 4.0 的机遇与杭州的准备．杭州科技，2014，(6)：14-19

［156］徐子成，陈思浩，涂闽．万众创新．打造中国版"工业 4.0"．上海化工，2015，(1)：3-6.

［157］郭洪杰，等．飞机智能化装配关键技术．航空制造技术，2014，(21)：44-46.

［158］胡杰．从德国"工业 4.0"看中国未来制造业的发展．民营科技，2014，(12)：268.

［159］王艳磊．德国工业 4.0 战略透视．中国无线电，2015，(3)：49，50.

［160］靳伟．德国"工业 4.0"战略启示．安徽经济报，2014，8.

［161］罗文中国电子信息产业发展研究院院长．抢占未来产业竞争制高点．国际商报，2014，8.

［162］邱燕娜．我们离工业 4.0 有多远．中国计算机报，2015，1.

［163］刘红伟，魏晓文．东佳港：借脑引智创新发展．科技创新与品牌，2015，(3)：42，43.

［164］隗斌贤，等．院士工作站在创新驱动发展中地位功能及其模式创新的再探讨．经营管理者，2013，(27)：11-13.

［165］王海鹰．加快创新平台建设助推台州转型升级——院士专家对接台州企业的实践与探索．现代经济信息，2014，(12)：483-484.

[166] 宋南平.坚持协同创新共促科学发展.中国科技产业,2011,(1):79.

[167] 吴浪,等.发挥高端智力优势推进企业创新体系建设.科技创新与品牌,2012,(11):20,21.

[168] 建立"院士工作站"提升企业自主创新能力.科协论坛(上半月),2009,(7):36,37.

[169] 郭寄良,俞学慧,项宇琳.以院士专家工作站为载体的创新驱动平台建设初探.中国科技产业,2013,(5):38,39.

[170] 刘华峰.积极引进和用好海外人才为实现中国梦凝聚新力量.中国人才,2013,(21):28-29.

[171] 安宇宏.众创空间,宏观经济管理,2015,(4):85.

[172] 王琳.创始空间创业者和CBD的双重机会.新金融观察,2015,7.

[173] 王佳雯.全国科技活动周看点大搜罗.科学家,2015,(6):60-64.

[174] 国务院办公厅关于发展众创空间推进大众创新创业的指导意见.辽宁省人民政府公报,2015,(9):18-21.

[175] 关于发展众创空间推进大众创新创业的指导意见.四川劳动保障,2015,(3):40,41.

[176] 吴红霞.科技创新平台提升企业竞争力.今日浙江,2009,(14):18,19.

[177] 郑秀,胡文显.温州民间资本进入产业投资基金的SWOT分析.浙江金融,2012,(8):31-33.

[178] 夏利平.北部湾电子信息产业科技创新服务平台建设的实践与探讨.企业科技与发展,2010,(12):4-7.

[179] 王伟中,等.科技与金融的结合.中国科技论坛,2010,(12):5-9.

[180] 杭州市创业投资服务中心.创业邦,2012,(8):13.

[181] 翟翠霞,蔡晓峰,郑文范.科技型小微企业"以知为本"发展模式探析.科技进步与对策,2013,(14):71-74.

[182] 乐隐.硅谷银行模式渐行渐近.中国科技财富,2009,(3):86-88.

[183] 马延,贾莹,刘莉薇.借鉴硅谷银行模式拓宽科技中小企业融资渠道.河北金融,2010,(8):28-31.

[184] 葛佳慧.美国银行:为创业期"小科"另起炉灶.华东科技,2011,(6):56,57.

[185] 奚飞.美国硅谷银行模式对我国中小科技企业的融资启示.现代经济信息,2009,(20):110-112.

[186] 张铮,高建.硅谷银行创业投资的运作机制.中国创业投资与高科技,2004,(4):75-77.

[187] 顾峰.国内外科技金融服务体系的经验借鉴.江苏科技信息,2011,(10):4-6.

[188] 刘壹青.没有风投,硅谷会怎样.上海经济,2010,(4):22,23.

[189] 游建胜.学会要在助推创新驱动发展中更有作为.科协论坛,2015,(3):9-11.

[190] 谢国政. 变化变革创新推动科协事业新发展. 科协论坛, 2014, (10): 39-42.

[191] 曾宪计, 刘洪江, 安明山. 充分发挥"项目带动"效应着力推动学会服务能力提升. 科协论坛, 2014, (4): 26-29.

[192] 肖婷. 发挥科协优势服务创新驱动. 科协论坛, 2015, (8): 24, 25.

[193] 山东省科协"五大计划"实施方案. 科协论坛, 2014, (7): 52-55.

[194] 对当前学会创新发展问题的一些思考. 科协论坛, 2012, (1): 28-30.

[195] 王建国. 促进科协组织参与社会管理的对策研究. 湘潭大学学位论文, 2013.

[196] 蔡以东. 科学技术协会的结构与运作研究. 苏州大学学位论文, 2011.

[197] 徐瑞园, 李晓晓. 河北省企业院士工作站现状分析与展望. 科技创新与品牌, 2013, (10): 59-61.

[198] 吴云旋. 关于有效推进产学研合作的探讨——以福建省泉州市为例. 黄冈职业技术学院学报, 2011, (3): 45-47.

[199] 北京市科协联合协作推进院士工作站建设. 科协论坛, 2014, (8): 60.

[200] 发挥省级学会优势服务区域经济发展. 科协论坛, 2011, (8): 26, 27.

[201] 简讯. 科协论坛, 2015, (10): 63, 64.

[202] 尚勇. 抓住机遇主动谋划推动科协工作创新转型. 科协论坛, 2015, (2): 4-11.

[203] 陈晖. 广州市科协系统科技服务创新体系建设研究. 广东科技, 2015, (14): 28-66.

[204] 袁长江, 葛强胜, 冯镇华. 创新学会管理模式提升学会服务能力——蚌埠市对所属学会实施量化评分考核的体会. 科协论坛, 2013, (9): 17, 18.

[205] 石萍. 加强指导和协调进一步发挥学会的基础性作用. 科协论坛 (上半月), 2009, (12): 26-27.

[206] 对当前学会创新发展问题的思考. 科协论坛, 2013, (7): 34-35.

[207] 李森. 正确认识中国科协的功能定位. 科协论坛, 2014, (3): 39-43.

[208] 中国科学技术协会章程. 科协论坛, 2011, (6): 16-18.

[209] 本刊讯. 2015年中国药学会产学研与创新工作委员会会议在京召开. 中国药学杂志, 2015, (5): 412.

[210] 李森. 关于企业科协组织建设的思考. 科协论坛, 2014, (8): 41-45.

[211] 尚勇. 企业科协要发挥七大功能. 凝聚创新驱动发展合力. 科协论坛, 2014, (11): 60.

[212] 梁纯平. 发挥科协优势为经济社会服务. 科协论坛 (上半月), 2009, (4): 5, 6.

[213] 柳会祥, 李江华, 马向阳. 新时期高校科协的地位与作用. 学会, 2010, (11): 44-47.

[214] 康智勇, 等. 高校科协组织建设与管理模式. 中国高校科技, 2014. (12): 17-19.

[215] 张利洁, 张楠, 王田一. 高校科协促进科技成果转化的体制机制研究. 未来与发展, 2015, (10): 16-20.

[216] 张琼等. 学会在建设创新型新疆中作用的对策研究. 科协论坛, 2014, (9): 15-18.

[217] "双创"时代——"大众创业、万众创新"在四川. 四川党的建设 (城市版), 2015,

（9）：20，21.

［218］中华中医药学会办公室．中华中医药学会新年贺词．中医临床研究，2014，
　　　　（36）：I0003.

［219］王名．完善政府向社会组织购买服务．建立新型政社关系．经济界，2014，（2）：
　　　　28，29.

［220］汪春翔．和谐社会视域下社会组织建设研究．江西师范大学学位论文，2013.

［221］任婉梦．公共服务外包中的政府与社会组织关系．浙江大学学位论文，2013.

［222］包颖．全国政协委员、清华大学 NGO 研究所所长王名社会组织期盼制度创新．中国社
　　　　会组织，2013，（3）：12，13.